Daniel Formolo

Algoritmos e pensamento sistemático

Uma nova abordagem através da linguagem C

Daniel Formolo

Algoritmos e pensamento sistemático

Uma nova abordagem através da linguagem C

EDITORA
CIÊNCIA MODERNA

Editor: Paulo André P. Marques
Produção Editorial: Dilene Sandes Pessanha
Capa: Daniel Jara
Diagramação: Equipe Ciência Moderna
Copidesque: Equipe Ciência Moderna

FICHA CATALOGRÁFICA

FORMOLO, Daniel.

Algoritmos e Pensamento Sistemático – Uma Nova Abordagem Usando a Linguagem C

Rio de Janeiro: Editora Ciência Moderna Ltda., 2020.

1. Linguagem de Programação
I — Título

ISBN: 978-85-399-1056-4 CDD 005

Editora Ciência Moderna Ltda.
R. Alice Figueiredo, 46 – Riachuelo
Rio de Janeiro, RJ – Brasil CEP: 20.950-150
Tel: (21) 2201-6662/ Fax: (21) 2201-6896
E-MAIL: LCM@LCM.COM.BR
WWW.LCM.COM.BR

08/20

Agradecimentos

Todo trabalho é sempre construído a muitas mãos. Uma pessoa ou um grupo de pessoas que tem seus nomes ligados à fase final dos trabalhos aglutinam o resultado de um esforço coletivo. Todos nós temos mérito e responsabilidade, em maior ou menor proporção. Muitos devem ser citados nesta sessão, a todos o meu muito obrigado. Devo um agradecimento especial às pessoas que mais influenciaram essa obra, a iniciar por Debora Gastaldello, minha esposa, que sempre incentivou o trabalho e abdicou de momentos em família para que ele fosse realizado; Ernesto Lindstaedt, que inspirou alguns dos exercícios contidos neste livro, revisou seu conteúdo e se mostrou disponível em todos os momentos necessários; e por fim, a todos os alunos que utilizaram partes deste material antes de se tornar um livro e que deram retornos valorosos em relação a ele. A todos vocês, meus sinceros agradecimentos.

Espero que este livro e sua abordagem sejam tão úteis quanto têm sido aos alunos que já vêm utilizando.

Sumário

Capítulo 1

Introdução

Primeiros Passos

Este material introduz o leitor na lógica de programação, focada em linguagem C. Ele direciona a maneira de pensar programação e procura tornar o leitor independente e autodidata no assunto. Dessa forma, o conteúdo traz as informações principais para codificação em linguagem C, mas existem muitos detalhes menos importantes que não são informados. Para aprofundar o conhecimento nos tópicos abordados, deve-se recorrer a outros materiais, como complemento do conhecimento adquirido aqui.

A procura por conteúdo mais aprofundado faz parte da metodologia de ensino aplicada nesse livro, bem como o direcionamento de como pensar e resolver questões lógicas e algorítmicas aplicáveis no mundo real.

Por ser direto e sucinto, torna o aprendizado rápido e intuitivo. Todas as informações contidas no livro são importantes, portanto, preste atenção nos detalhes e procure entender as nuances dos assuntos abordados, sendo que a principal parte de cada capítulo são os exercícios propostos.

Indiretamente, eles enfocam os principais aspectos necessários ao aprendizado, envolvendo fragmentos algorítmicos presentes em cursos relacionados à lógica algorítmica. Como complemento a eles, existem explicações de como interpretar os exercícios e como resolvê-los, além do código-fonte com as respostas de todos os exercícios e alguns exemplos complementares, todos comentados. Cada capítulo contém trechos de códigos genéricos. A lógica contida nestes trechos é utilizada constantemente em todos os programas com pequenas variações. Eles são identificados por símbolos como VAR1, FLX3 e VET2 ao longo do livro e no Anexo A.

Novamente, em caso de dúvidas, busque mais informações sobre os assuntos em materiais auxiliares, em ordem de complexidade e profundidade: pesquisas na internet com palavras- chaves, apostilas e livros. Um ótimo site de consulta para comandos da linguagem C é: cplsuplus.com. Bom estudo!

Organização de programas em C

Os programas em C são divididos em arquivos com a extensão .c e .h. Os arquivos .c contêm a lógica de processamento, enquanto os arquivos .h são utilizados principalmente para definições. Os programas sempre iniciam a partir da palavra reservada *main*, portanto, essa palavra sempre existirá em um programa e somente uma única vez. A Figura 1 mostra a arquitetura base de um programa simples em C.

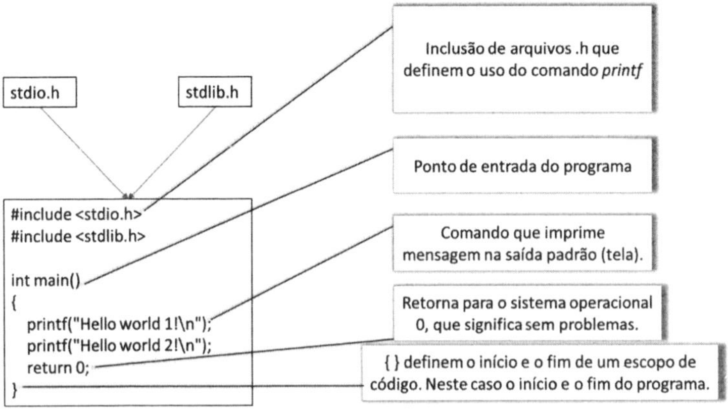

Figura 1: Exemplo de estrutura de programa simples em C.

Comentários

É possível inserir dois tipos de comentários entre os comandos:

- Comentários de linha // ignoram tudo o que estiver à direita.
- Comentários de bloco /* bloco comentado */ ignoram tudo o que estiver entre eles. O comentário de bloco pode conter várias linhas.

Comandos de Entrada e Saída

printf: Imprime mensagens formatadas na saída padrão (tela). Formatadores básicos: %f, %d, %c, %s.

```
Exemplo:

printf("mensagem"); // Imprime uma mensagem simples.

/*
  Imprime a mensagem: mensagem float:1.1 inteiro:5 caractere:a string:teste
 Note que %f foi substituído pelo valor real 1.1, %d por 5 e assim por diante, portanto a
 ordem de parâmetros é seguida na substituição dos formatadores.
*/
printf("mensagem float: %f inteiro : %d caractere : %c string : %s", 1.1, 5, 'a', "teste");

/*
 Neste outro exemplo o valor 1.1 foi truncado para se tornar um inteiro, devido ao
 formatador %d. O valor 2 é comportado pelo %f, então a mensagem impressa é somente:
 mensagem 1 2
*/
printf("mensagem %d %f", 1.1, 2);
```

scanf: Lê dados do teclado e armazena em variáveis. Também utiliza os modificadores %f, %d, %c, %s.

Exemplos:

```
int variavelA; char variavelB;
// Lê um valor inteiro e armazena em variavelA.
scanf("%d", &variavelA);
// Lê um caractere e armazena em variavelB.
scanf("%c", &variavelB);
```

Existem outros comandos de leitura e escrita específicos para algumas funções como leitura de *strings* (frases), leitura de caracteres, são eles: *gets*, *getchar*, *puts*, etc.

Ambientes de compilação

A codificação em C deve ser transformada em código de máquina para que possa ser executada no computador. A tarefa de transformação do código-fonte para código de máquina é feita pelo compilador, ele também informa, caso existam erros no código. Existem vários ambientes gráficos que contêm o compilador, com isso permitindo a criação de programas e suas respectivas compilações. Os ambientes geralmente criam arquivos intermediários para administrar os arquivos de código fonte (.c e .h). Cada ambiente gráfico tem sua própria forma de organização, que é transparente para o usuário. Alguns ambientes disponíveis são: Codeblocks, Visual Studio e DevC++, mas existem outros.

É possível também gerar o código executável sem auxílio de interfaces gráficas, chamando o compilador através de linha comando. Isso é mais comum em Sistema Operacionais similares a Unix: Android, OSx, Linux e suas variações.

Capítulo 2

Variáveis

São espaços alocados em memória que guardam valores utilizados durante a execução de um programa.

Existem diferentes tipos de variáveis, cada tipo ocupa tamanhos diferentes de memória e apresenta características diferentes.

As variáveis são limitadas a um escopo, sendo acessadas somente dentro do seu escopo.

Sintaxe:

```
tipo nome_da_variável;
Exemplo:


main()
{// inicio do escopo
   int var1;        //criada a variável var1 na memória.

   {
      int var2; //criada a variável var2 na memória.
   } //fim do escopo da variável var2, que deixa de existir. }

    ...
} //fim do escopo da variável var1, que deixa de existir.
  //É também o fim do escopo do programa.
```

Tipo	Características
char	Reserva memória de 1 byte (8bits).
int	Reserva área de memória para 4 bytes para valores inteiros. Exemplo: 1, -5, 0, 23.
float	Reserva área de memória de 4 bytes. Usada para guardar valores Reais, com ponto
	flutuante. Exemplos: 3.34, 5.99, 3000.03, 4999, -5005.
void	Significa sem valor. Sua aplicação será vista mais adiante.

Tabela 1: Principais tipos de dados.

Características Gerais:

- Variáveis devem ser declaradas antes de serem utilizadas;

- Nomes devem ser iniciados por letras ou pelo símbolo _;

- Números só no final;

- Não podem conter palavras reservadas da linguagem e outros símbolos.

- Para todos os tipos existe o modificador *unsigned*. Ele informa que os valores armazenados são positivos. Uma variável *unsigned* só aceita números positivos. O padrão em declaração de variáveis é *signed*, ou seja, valores positivos e negativos.

```
Exemplo:

int var;   // declaração de uma variável do tipo int
chamada var.
           // área de memória do tipo int criada. No
início ela tem lixo dentro dela.

char c = 3;        // declaração e atribuição de valor
3.
var = 5;   // atribuição do valor 5 para variável var.
```

A Figura 2 mostra como os valores do exemplo acima são alocados na memória. Você, com certeza, conhece o sistema numérico decimal. Mas você sabe que existem outros sistemas numéricos? Em programação, os sistemas numéricos binário e hexadecimal são muito utilizados. Anexo B introduz esses sistemas e mostra como converter valores entre eles.

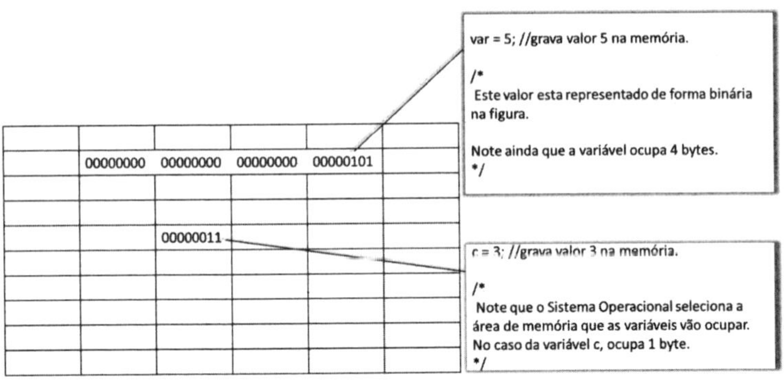

Figura 2: Representação em memória de variável inteira.

```
Exemplo: Nomes válidos de variáveis.

int var_i;
float var_f = 44.55; // variável var_f recebe o valor 44.55.
var_uc2 = -5;
int i, j, k; // declaração de várias variáveis na mesma linha.
float x, X, y, z; // a variável x é diferente da variável X.
int valor1;// declaração está correta, pois o número
está no final do nome da variável.

Exemplo: Modificador unsigned

// O modificador unsigned pode ser usado antes de qual-
quer variável, fazendo com que elas aceitem somente
valores positivos.

// Se inserido valor negativo em uma variável que só
aceita valores positivos entre 0 e 255. Nesse caso, o
valor atribuído a variável será: 256 - 5 → 251.
unsigned char var_uc2;


Exemplo: Declarações incorretas

int 1valor, &valor2, valor_tot@al, val0r;  // ERRO.

//ERRO, main é uma palavra reservada da linguagem, não
pode ser usada com nome de variável.
short main;
```

Para ir além:

- Variáveis sempre inicializam com um valor aleatório na memória, comumente chamado de "lixo".

- Uma variável fora de qualquer escopo é chamada de variável global, ela pode ser acessada em qualquer parte do programa e só é eliminada quando o programa finaliza. Embora elas possam ser úteis, uma boa prática de programação é evitá-las. Uma maneira de fazê-lo é transferir dados por parâmetros de funções.

```
Exemplo:

int variavel_global;

main()
{
   //código...

   variavel_global = 6; //atribuição de valor para va-
riável global.
}
```

Prática:

Algoritmo: (VAR1)

Fluxo de captura e processamento: Essa lógica surge em vários pontos ao longo de programas. Por vezes englobam outros subprogramas ao longo do seu fluxo, que segue a ordem: captura de dados, processamento e exibição de resultados.

2.1- Crie um programa que calcule o volume de cilindros. O programa recebe a altura e o raio de circunferência e imprime o volume.

Como interpretar o problema:

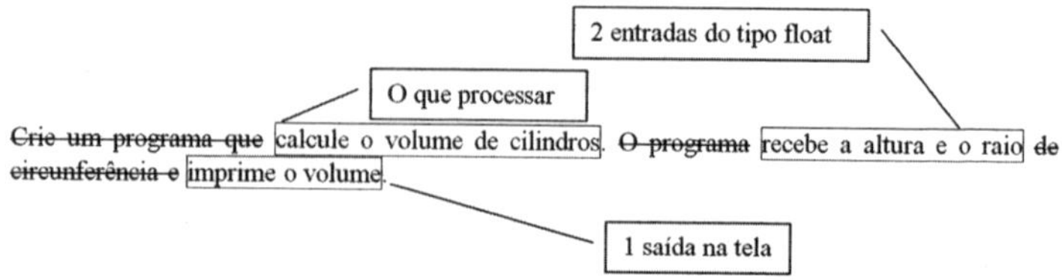

Como pensar a resposta:

- Segue a lógica descrita em **(VAR1)**.

- Inserir mensagem de requisição de Graus Celsius.

- Guardar em uma variável do tipo float o valor digitado pelo usuário.

- Aplicar a fórmula de conversão e armazenar o valor em uma variável auxiliar.

- Imprimir o resultado, o qual está na variável auxiliar.

2.2- Crie um programa que converta Graus Celsius em Fahrenheit.

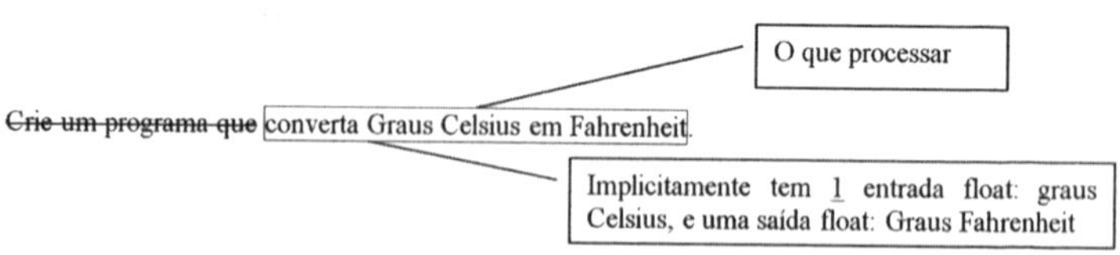

Como pensar a resposta:

- Segue a lógica descrita em **(VAR1)**.

- Inserir mensagem de requisição de Graus Celsius.

- Guardar em uma variável do tipo float o valor digitado pelo usuário.

- Aplicar a fórmula de conversão e armazenar o valor em uma variável auxiliar.

- Imprimir o resultado, o qual está na variável auxiliar

2.3- A média ponderada é aplicada em algumas situações para calcular a nota final de alunos. A ponderação depende dos pesos estabelecidos para cada nota. Faça um programa que calcule a média ponderada sendo que a nota B tem o dobro de peso da nota A, isto é, média = (A + 2 x B) / 3. O programa recebe as duas notas A e B e informa a nota final ponderada.

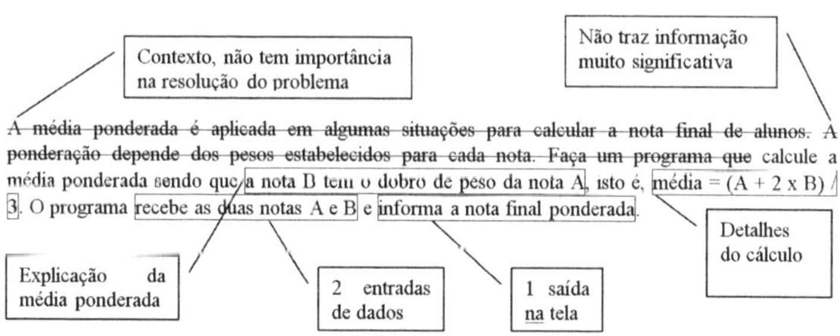

Como pensar a resposta:

- Segue a lógica descrita em **(VAR1)**.

- Inserir mensagem de requisição das notas.
- É necessário guardar em duas notas em variáveis do tipo float
- Aplicar a fórmula med = (A + 2 * B) / 3. Note que o resultado deve ser armazenado em uma terceira variável, aqui chamada "med". Sendo o cálculo aplicado em variáveis float, o resultado também deve ser armazenado em float, portanto, med é do tipo float.
- Imprimir o resultado.

Algoritmo: (VAR2)
Troca de valores da memória: A troca valores entre duas áreas de memória é um bloco base algorítmico utilizada principalmente em algoritmos de ordenação.

2.4- Ler o valor de duas variáveis, trocar (na memória) o valor das duas variáveis e imprimir seus novos valores.

Como pensar a resposta:

- Inserir mensagem de requisição das duas variáveis, digamos var1 e var2.
- Transferir o valor de var1 para var2. Note que atribuir var2 = var1 faz o programa perder
o valor original de var2. Antes de ler o próximo passo, pense

como você resolveria isso?

- Fazendo uma analogia, se você tivesse dois potes, um com água e outro com areia e quisesse trocar o conteúdo dos potes entre si sem misturá-los como você faria?

- Para não perder o valor de var2, armazene-o em uma variável auxiliar, digamos aux, antes do comando var2 = var1;

- Continue com a operação, agora passando o valor de var2 (que está em aux) para var1.

- Imprimir o resultado.

2.5- Ler o valor de 3 variáveis a, b e c. Trocar o valor das variáveis entre si na forma b=valor de a, a=valor de c, c=valor de b. Imprimir os valores de a, b e c.

Capítulo 3

Operadores Aritméticos e Relacionais

A seguir, estão destacados em negrito, os principais operadores da linguagem.

Classe	Símbolo	Exemplo

Aritméticos	Subtração: -
	Adição: +
	Multiplicação: *
	Divisão: /
		`#include <stdio.h>`
		`int main() {`
		`int resultado = 0, x = 3, y = 2;`
		`resultado = 5 + 4;`
		`printf("%d \n", resultado);`
		`resultado = resultado -(x * 2);`
		`printf("%d \n", resultado);`
		`resultado = resultado + (4 / y);`
		`printf("%d \n", resultado);`
		`return 0;`
		`}`

Classe	Símbolo	Exemplo

	Resto da divisão: **%**, o resto da divisão entre números inteiros pode gerar resto. Por exemplo, o resto da divisão de 3 por 2 é igual a 1. 3%2 → 1.
	Incremento: **++**, a cada comando, a variável incrementa seu valor em uma unidade.
	Decremento: **--**, a cada comando, a variável decrementa seu valor em uma unidade.
		`#include <stdio.h>`
		`int main() {`
		`int x = 10, y = 0;`
		`x--;`
		`y++;`
		`printf("%f \n", x / y);`
		`x--;`
		`y++;`
		`printf("%f \n", x / y);`
		`y++;`
		`printf("%d \n", x%y);`
		`return 0;`
		`}`

Classe	Símbolo	Exemplo

Relacionais	Maior que: >
	Menor que: <
	Maior ou igual que: >=
	Menor ou igual que: <=
	Igual à: ==
	Diferente de: !=
		`#include <stdio.h>`
		`int main()`
		`{`
		`int num1, num2;`
		`printf("entre com o primeiro numero:");`
		`scanf("%d", num1);`
		`printf("entre com o segundo numero:");`
		`scanf("%d", num2);`
		`printf("\n%d==%d eh %d\n", x, y, x == y);`
		`printf("\n %d!=%d eh %d\n", x, y, x != y);`
		`printf("\n %d>%d eh %d\n", x, y, x>y);`
		`printf("\n %d<%d eh %d\n", x, y, x<y);`
		`printf("\n %d>=%d eh %d\n", x, y, x >= y);`
		`printf("\n %d<=%d eh %d\n", x, y, x <= y);`
		`return 0;`
		`}`

Classe	Símbolo	Exemplo

Lógicos	Operadores lógicos são usados
	
	E lógico: &&, pode-se pensar nele como uma operação de multiplicação.
	
	OU lógico: ||, pode-se pensar nele como uma operação de adição.
	
	Negação lógica: **!**, inverte o resultado, se ele é positivo passa para negativo e vice-versa.
	
	Para comparação e testes condicionais, exemplo: SE(x>5 && x<10) testa se o valor de x está entre 5 e 10.
	
	Em Linguagem C o valor zero equivale a falso, valores diferentes de 0 como: 1, 2, -5, são considerados verdadeiros.
		`// ComandoA só é executado Se o valor x estiver`
		`// entre{ 6, 7, 8, 9 }`
		`SE(x>5 && x<10)`
		`ComandoA;`
		
		`// ComandoA é executado para qualquer valor de`
		`// x, pois x será executado se x>5:`
		`// 6,7..10,11,... ou x<10: 9, 8,..4,3...`
		
		`SE(x>5 || x<10)`
		`ComandoA;`
		
		`// ComandoA só é executado para valores maiores`
		`// que 5, ou se valor de x for 1.`
		
		`SE(x>5 || x == 1)`
		`ComandoA;`
		
		`// ComandoA só é executado para qualquer valor`
		`de x exceto quando o valor for 1.`
		
		`SE(x != 1)`
		`ComandoA;`

Prática:

3.1 Na linguagem C, o valor FALSO equivale ao número 0, enquanto qualquer outro número é considerado VERDADEIRO. Faça um programa que receba dois valores inteiros v1 e v2, e imprima o resultado das operações v1 OU v2, v1 E v2, NEGAÇÃO DE v1, v1>v2, v1==v2.

Como pensar a resposta:

- Declarar as variáveis para receber os valores.
- Depois, faça as perguntas e receba os valores do teclado. Comandos: printf e scanf.
- Realizar uma sequência de comandos de impressão na tela com o resultado das operações.
- Exemplo: printf ("v1 < v2: %d\n", v1<v2); // símbolo \n significa quebra de linha.
- Observe que esse tipo de operação retorna sempre VERDADEIRO ou FALSO, no caso de C retorna 0 para FALSO ou outro valor, geralmente 1 para VERDADEIRO.
- Insira valores diferentes para v1 e v2, procure entender o comportamento de retorno.

3.2 Ao receber certa quantidade de dinheiro, uma máquina registradora de mercado informa quanto troco deve ser devolvido ao cliente. Faça um algoritmo que imprima a combinação de troco com menor número de moedas possível. Sendo as moedas válidas: 50, 25, 10, 5 e 1 centavos.

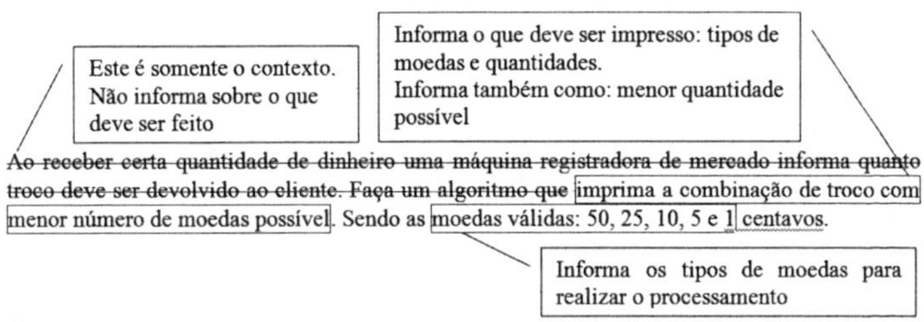

Como pensar a resposta:

- Divida o problema em partes. Inicialmente é necessário coletar o valor da conta e o valor pago, para calcular o troco, portanto, aplique **(FLX1)**.

- Para retornar o menor número de moedas possível, primeiro deve-se optar pelo máximo de moedas de 50 centavos, até que o troco restante seja inferior a 50 centavos, daí opta-se pelas moedas de 25 centavos e, assim por diante. Pense em uma maneira de calcular a quantidade de moedas de cada tipo, seguindo essa ordem.

- Ao final, imprima o resultado. Você precisará armazenar a quantidade de moedas de cada tipo em variáveis diferentes.

3.3 Tautologias são expressões lógicas sempre VERDADEIRAS ou sempre FALSAS, independente dos valores atribuídos às variáveis da expressão. Descubra o resultado das expressões abaixo e informe quais são tautologias. Depois confirme sua análise inserindo valores e verificando a resposta que o algoritmo lhe retorna. Sendo que existam agora 3 entradas de dados: v1, v2 e v3, aplique-as nas seguintes expressões:

v1 OU NÃO v1
(v1 E v2) OU (v1 E v3)
v1 E NÃO v1
v1 OU (v1 E v2 OU v3)
v1 E (v1 OU V2 E v3)
v1 E NÃO (NÃOv2 E v1)

Como interpretar o problema:

- O problema é claro no que espera, os testes são exercícios de lógica, resolva-os mentalmente. Para validá-los, implemente um programa. Veja a dica abaixo.

Como pensar a resposta:

- Para implementar um programa que teste uma das condições acima você pode usar apenas a impressão na tela. Por exemplo:

```
int var_verdadeira = 1;
int var_falsa = 0
printf("\n %d \n", var_verdadeira && var_falsa); // Imprime 0, ou seja, falso.

printf("\n %d \n", var_verdadeira && 1); // Imprime 1, ou seja, verdadeiro.

printf("\n %d \n", var_verdadeira || 0); // Imprime 1, ou seja, verdadeiro.
```

Capítulo 4

Controle de Fluxo

Os comandos de controle de fluxo direcionam o fluxo de processamento, repetem instruções e alteram a ordem de processamento de instruções.

IF-ELSE:

Executa grupo de instruções se a expressão for verdadeira, caso contrário, executa o grupo de comandos ligados ao *else*.

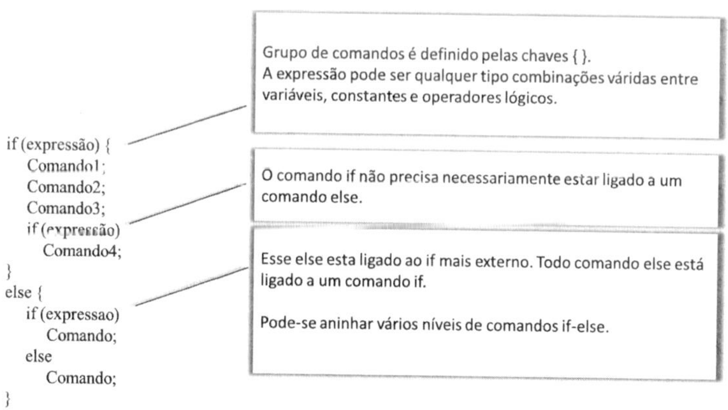

Figura 3: Sintaxe do comando if-else.

```
Exemplo:
int var1 = 1, var2 = 2;
// Apenas um comando esta sob este IF, desta forma os delimitadores {} não são necessários
// para definir o escopo. A linha subsequente a um IF sempre está ligada ao escopo do IF
if (var1 == 1 && var2>1)
    var1 = var2;
// Neste segundo exemplo dois comandos dentro do escopo do IF exigem o delimitador {}
printf(“\nvalores %d %d\n”, var1, var2);
if (var1 == var2) {
    var1 = 0;
    var2 = 0;
}
else {
    var1 = 1; var2 = 1;
}
printf(“\nvalores %d %d\n”, var1, var2);
```

SWITCH-CASE:

Pode ser visto como um caso especial do *if-else*. Esse comando é utilizado especialmente para seleção de opções de menu de escolhas; estados de processamento, ou qualquer outra situação onde existem opções limitadas, definidas por um valor inteiro ou um caractere.

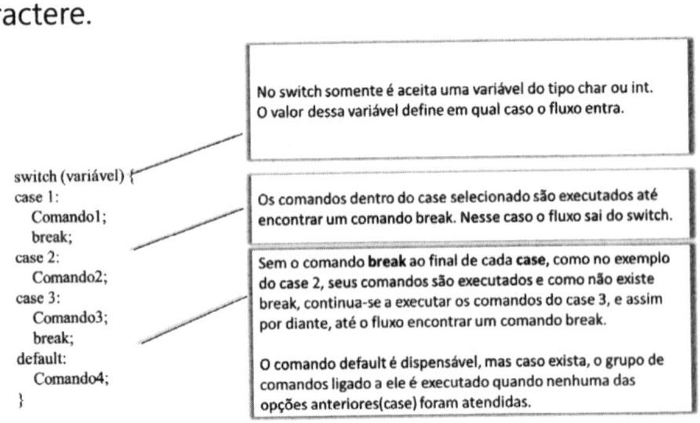

Figura 4: Sintaxe comando switch-case.

```
Exemplo:

// Executa um bloco de instruções de menu.
char opcao;
printf("Entre com opção : "); scanf("%c", &opcao);

switch (opcao) {
case 'a':
    printf("digitado a\n");
    break;

case 'b':
    printf("digitado b\n");
    break;

case 'c':
    printf("digitado c\n");
    break;

default:
    printf("outra opção digitada. \n");
}
```

```
Exemplo:

// Alterna entre dois estados de processamento a cada
vez que o fluxo de processamento passa pelo switch-case.
int estado = 1;
switch (estado) {
case 1:
    printf("e1\n"); estado = 2;
    break;
case 2:
    printf("e2\n"); estado = 1;
    break;
}
```

Prática:

Algoritmo: (FLX1)

Qualificação de valores: A identificação de qualidades numéricas exige conhecimento matemático e alguns comandos de programação. Uma pesquisa na internet sobre a teoria do assunto abordado geralmente esclarece o conceito matemático. A codificação desse conceito na maioria dos casos é simples.

4.1 Faça um programa onde o usuário digite dois valores v1 e v2. O programa informa se v2 é múltiplo de v1, ou seja, v1/v2 resulta em uma divisão exata.

Como pensar a resposta:

- A parte inicial do problema é similar ao bloco base **(VAR1)**.
- Com os valores nas variáveis, a resolução passa por descobrir se v2 * n = v1, sendo n um número inteiro.
- Uma maneira inicial seria testar várias operações do tipo: if (v2*1 == v1), if (v2*2 == v1), e assim por diante. Mas, e quando parar os testes? Sabemos que se v2 é candidato a ser múltiplo de v1, então v2 < v1. Dessa forma, podemos inferir que o resultado de v2*n tem que ser menor ou igual a v1. Nesse caso então, a quantidade de testes é limitada por v2*n<=v1.

- Essa maneira de resolver parece complicada e trabalhosa. Existem outras maneiras, mais simples, em especial uma que utiliza a operação de Módulo, correspondendo em C ao símbolo %. O módulo retorna o resto da divisão entre dois valores inteiros.

- Ex.: Módulo entre 5 e 2 é 1, pois 2*2==4, restando 1 para 5. Sintaticamente escreve-se var = 5%2; // sendo que o valor 1 é atribuído a variável var.

- Se o resto da divisão de v1 por v2 for zero, então v2 é múltiplo de v1. Para concluir, deve-se utilizar um comando de if-else, testando o valor resultante da operação de módulo e imprimindo as mensagens adequadas no escopo do if e do else.

4.2 Crie um programa que dado um número, ele informa se o valor é par ou ímpar. Caso tenha dúvida de como identificar quando um número é par ou ímpar, pesquise na internet a característica incomum entre esses dois conjuntos de números e use o comando Módulo para resolver o problema.

4.3 Crie um programa com menu de opções onde o usuário possa escolher entre testar se dois números são múltiplos ou verificar se um número é par. Veja os exemplos de *switch-case* para escrever corretamente a sintaxe.

WHILE:

Este comando prende o fluxo de processamento, executando continuamente um conjunto de instruções.

Ele é muito útil em diversas situações ao longo dos programas, quando um conjunto de instruções deve ser executado repetidamente até que uma condição seja satisfeita, sendo que não sabemos precisamente quando essa condição irá ocorrer. Alguns exemplos desse tipo de situação são: Exibindo constantemente um menu de opções enquanto que o usuário não digita uma opção válida; Ficar aguardando uma mensagem via ethernet de outro programa; executar um cálculo de aproximação enquanto a resposta não for adequada (muito comum em algoritmos de Inteligência Artificial). Pesquise também pelo comando **DO-WHILE**, que é muito similar ao **WHILE**.

```
while (expressão1) {
  Comando1;
  Comando2;
  if (expressão2)
     break;
  Comando3;
  ComandoN;
}
```

A expressão segue a mesma regra da expressão no comando if.

O bloco de comandos entre { } será executado em ordem e continuamente enquanto o resultado da expressão for verdadeiro.

A cada fim de rodada a expressão é testada.
O comando **break** implica na saída do laço de repetição. Nesse exemplo se expressão2 for verdadeira, o comando **break** direciona o fluxo de processamento para uma linha abaixo do fim de escopo } e os Comando3 e ComandoN não são executados nessa rodada em que o comando **break** foi executado.

Figura 5: Sintaxe do comando while.

```
Exemplo:
// Não permite que o usuário continue o programa até que
ele digite o valor "senha correta".
float senha = 0;
while (senha != 1.234) { // faz enquanto valor de senha
diferente de 1.234.
    printf("Digite a senha correta: ");
    scanf("%f", &senha);
}
printf("\n\n-->Voce teve acesso ao sistema");
```

FOR:

Esse comando é um caso especial do *while*. Ele implementa um contador, sendo especialmente dedicado a execução de um conjunto de comandos por um determinado número conhecido de vezes. Exemplos de uso: Em caso de n tentativas de comunicação o envio de uma mensagem é abortado; Testar n elementos de uma sequência de dados recebidos.

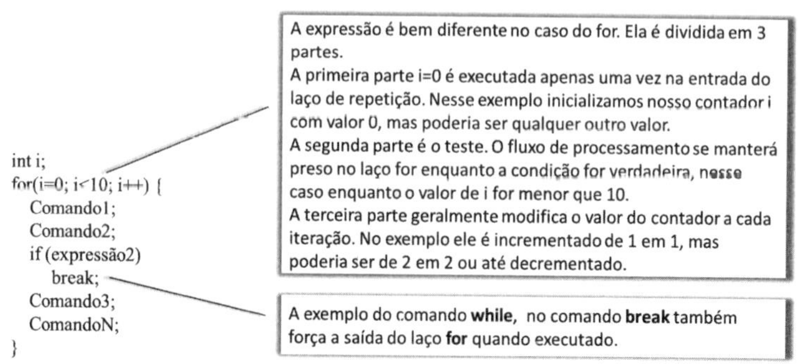

Figura 6: Sintaxe do comando for.

```
Exemplo:
// Calcula o fatorial de um valor de entrada. Este exem-
plo é um pouco mais complexo e mistura if-else com for.
int fatorial, i, total = 1;
printf("Digite o valor : ");
scanf("%d", &fatorial);

if (fatorial == 0 || fatorial == 1) { // trata casos
especiais
    total = 1;
}
else { // se nao for caso especial, faz o calculo.
    for (i = fatorial; i>1; i--) // decrementa i de 1 em
1 a cada rodada.
        total = total * i; // total inicia em 1 para nao
zerar a multiplicação a cada operação
} // se valor digitado para fatorial for 3, entao faz
total = 3 * 2 em duas rodadas.

printf("\nFatorial de %d eh : %d", fatorial, total);
```

ATENÇÃO:

Aqui foi mostrada a maneira mais utilizada do comando for, que é um contador crescente de 1 em 1, e um contador decrescente de 1 em 1, mas existem outras variações menos usuais da expressão do comando for.

Exemplos:

- Duas variáveis i e j são inicializadas.
- A cada rodada i é incrementado de 2. for (i=0, j=5; i<j; i+=2)
- Faz um laço infinito, nunca sai, pois o teste, que está entre ;; é sempre verdadeiro. for(;;)

ATENÇÃO:

Nomes usuais para variáveis contadoras são i, j, k, l, m, ... Normalmente inicia-se em i, na medida do necessário utilizam-se outras letras na sequência. Uma variável já utilizada como contador anteriormente pode ser reutilizada.

Exemplo:

```
int i;
for (i=0; i<5; i++)
    printf("contador: %d", i);
// note que i foi reutilizado, pois seu antigo valor já não
eh mais necessario.
for (i=15; i<20; i++)
    printf("contador: %d", i);
```

Prática:

4.4 Criar um programa que gere e imprima na tela os números pares do intervalo [20..50].

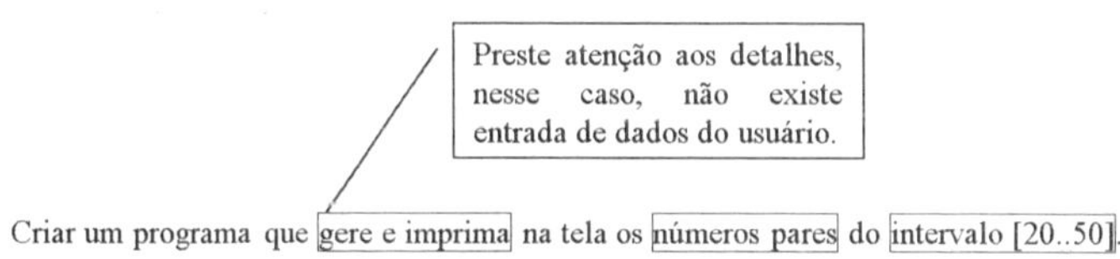

Como pensar a resposta:

- Faça em partes, o primeiro passo é identificar que temos um caso clássico de laço de repetição, afinal serão impressos na tela 30 mensagens iguais onde a única diferença são os valores junto às mensagens. Nesse caso, a melhor opção é utilizar o comando for, pois tem-se início e fim bem definidos.

- Crie o programa inicial com um laço for que a cada ciclo imprima uma mensagem com o valor do contador do laço for.

- Dentro da condição do comando for, não esqueça de iniciar o contador em 20 e finalizá-lo de forma que pare no valor 50.

- Por fim, limite a impressão para que sejam impressos somente os pares. Note que para isso, basta "pular" os ímpares na hora da impressão. Uma forma de evitar os ímpares é incrementando o contador de 2 em 2.

4.5 Faça um programa que imprima a cada 1 segundo os números do intervalo [10..0] em ordem decrescente, como um contador regressivo na tela. Para garantir o tempo de 1 segundo de impressão pesquise o funcionamento da função Sleep no Windows e ou *usleep* para ambientes baseados em unix: Linux, OSx, entre outros.

4.6 Altere o programa anterior para que imprima na tela, além dos números do intervalo [10..0] uma mensagem informando quando o valor impresso é múltiplo de 3.

Como pensar a resposta:

- Tendo o programa anterior implementado, é necessário incluir um teste com comando *if-else* dentro do laço *for*. Caso o número seja múltiplo de 3, a mensagem impressa é uma, senão a mensagem impressa continua a mesma do programa anterior.

- Inspire-se na descrição de **(FLX1)** para identificar quando um valor é múltiplo de 3. Você deverá utilizar a operação de Módulo.

Algoritmo: (FLX2)

Uso temporário de valores: Em muitas ocasiões é necessário utilizar o valor do dado apenas em um momento do algoritmo. Passado esse momento, o valor do dado pode ser descartado. Procure identificar quando é necessário guardar em memória o dado e quando o valor é descartável e a variável pode ser reaproveitada com outros valores posteriormente. A Prática abaixo é uma situação clara de reuso de variável, pois os valores armazenados são valor temporário.

4.7 A totalização de uma sequência de valores, a média ou outras operações relativas a um conjunto de valores é muito comum na maioria das aplicações. Digite 6 valores inteiros referente à compra semanal de um tipo de matéria-prima de uma empresa. Processe a informação imprimindo a soma e a média dos valores.

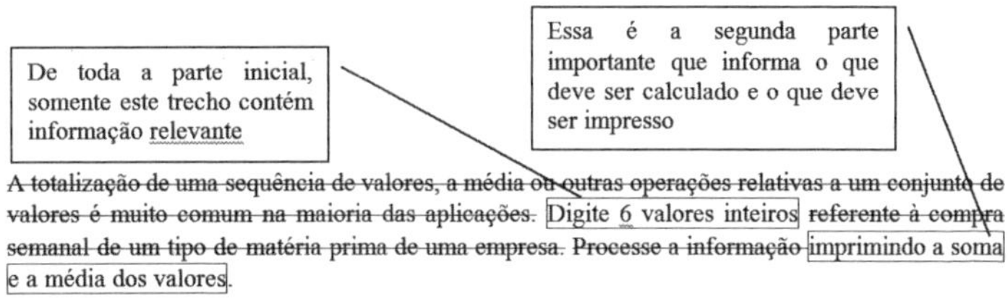

Como pensar a resposta:

- Resolva o problema em partes. Antes de calcular a soma e a média, deve-se coletar os dados

- Inicie por criar um bloco base algorítmico do tipo **(VAR1)**.

- Note que você terá que repetir esse bloco por 6 vezes, então envolva o código de coleta de dados em um laço de repetição.

- Para descobrir a média, é necessário somar os elementos, pois média = (soma dos valores) / (quantidade de valores), então você precisará de uma variável que acumule os valores lidos, na forma: soma = soma + valor_lido; Não esqueça de inicializar o valor da variável soma com 0.

- Perceba que você não precisa criar uma variável para cada valor lido. Após coletado o valor e acumulado na variável soma, ele não será mais necessário, então podemos aproveitar a mesma variável que armazenou o valor 1 para armazenar o valor 2, 3 e assim por diante.

- Ao final do laço de repetição, com a totalização dos valores lidos, a média é resultante da operação soma / 6.0. Você pode guardar em uma variável do tipo *float* (pois a operação pode gerar um número real) e no final imprimir a soma e a média.

ATENÇÃO:

Para fins de otimização de processamento, se os membros da operação de divisão / forem ambos inteiros, a operação vai retornar um valor inteiro, isto é, na Linguagem C: 5 / 2 == 2 e não 2.5 como se espera, pois, o valor 2 é inteiro, então se quisermos uma divisão precisa, deve-se fazer 5.0 / 2, que retornará 2.5. Portanto, no exercício anterior, garanta que uma das partes da divisão seja *float*, assim como a variável que armazenará a média.

4.8 Ler números inteiros e imprimir cada número identificando se ele é: positivo ou negativo, par ou ímpar. O programa encerra quando for digitado o número 0.

4.9 Sistemas de compra online geralmente incluem pesquisa de satisfação ao final da compra ou após o produto ser entregue. Com a informação retornada pelo cliente, é possível criar um perfil de compra. Para simular o início de um sistema de coleta de dados, processe 15 registros, os quais contenham idade (entre 0 a 150) e sexo (F ou M, maiúsculo ou minúsculo). Essas informações são importantes para traçar o perfil de clientes. Nesse sistema é importante conhecer a quantidade de clientes Masculinos e Femininos acima de 40 anos e o número de jovens abaixo de 21 anos.

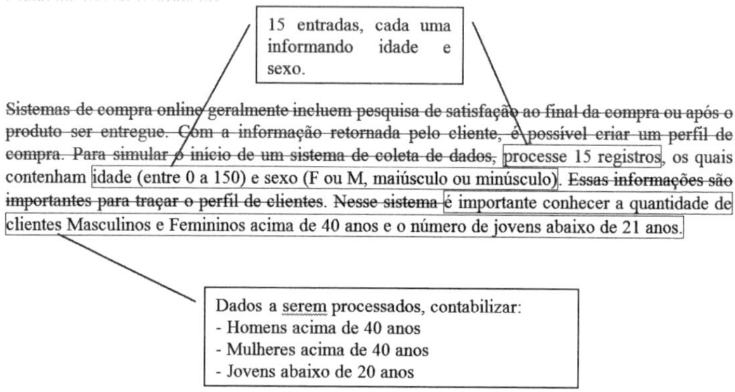

Como pensar a resposta:

- Pense em partes, como você armazenaria os dados de 1 registro? Crie as variáveis para armazenar os dados de um usuário, são duas informações distintas e de tipos diferentes.

- Agora, implemente o código referente aos dados de 1 registro **(VAR1)**.

- O próximo passo é estender para 15 registros o algoritmo, isso significa repetir o código já implementado 15 vezes **(FLX2)**. Note que não é necessário guardar todos os dados de todos os registros, basta contabilizar os dados requisitados pelo problema.

- Criar as variáveis que contabilizam os 3 dados requisitados pelo problema. Note que essas variáveis devem inicializar zeradas.

- A contabilização dos dados é feita dentro do laço de repetição.

- Por fim, após o laço de repetição, imprima o relatório com as informações contabilizadas.

4.10 Exiba a seguinte sequência de símbolos no monitor usando laço de repetição, de forma que o programa possa ser expandido para quantas linhas se desejar, apenas aumentando a contagem no laço de repetição.

```
*
**
***
****
*****
```

Como pensar a resposta:

- Pode-se dividir o problema em duas partes. A impressão de asteriscos na mesma linha e a impressão de asteriscos em linhas diferentes

- Primeiramente faça um laço *for* que imprima asteriscos na mesma linha, conforme um valor informado pelo usuário.

Provavelmente você terá algo como:

- for (i=0; i<tam; i++) // sendo tam a variável que informa a quantidade de asteriscos printf("*");

- Para imprimir em linhas diferentes, você terá que repetir o código implementado no passo anterior n vezes, começando com tam == 1 e a cada nova chamada aumentar o tam para 2, 3, 4, ...isso equivale a inserir um *for* externo que repita o *for* interno até 5 vezes.

4.11. Exiba a seguinte sequência de símbolos no monitor. Note que o algoritmo é o mesmo, somente os valores iniciais das variáveis do *for* interno é que mudam.

```
*****
****
***
**
*
```

Algoritmo: (FLX3)

Maior Número: A seleção do maior ou menor número é um bloco base algorítmico estendível para seleção de elementos por outras características como primeiro nome em uma lista, loja com maior lucro, ponto mais central em um conjunto de coordenadas, etc. Ele é muito utilizado em comandos de seleção em banco de dados. O programa abaixo foca nesse tipo de bloco base algorítmico.

4.12 Escreva um programa que leia 10 valores e ao final imprima na tela o maior deles.

Como pensar a resposta:

- Insira em um laço de repetição a captura de elementos. O laço deve executar a ação 10 vezes. Note que você precisa guardar apenas o maior número, podendo descartar os outros 9 **(FLX2)** e **(FLX3)**.

- Agora se concentre na identificação do maior valor. Crie uma variável que irá armazenar o maior valor, digamos: int max;

- Será necessário testar todos os valores para ter certeza de qual é o maior, então dentro do laço de repetição, após coletar um valor, teste se o valor coletado é maior que o valor da variável max. Caso seja, max assume esse novo valor, senão o laço volta a repetir, outro valor é coletado e novamente testado.

- Ao final do laço de repetição, foram testados todos os valores e na variável max restou o maior valor para ser impresso na tela.

- É importante inicializar a variável max. Pense a respeito de qual é o valor adequado para ela. Observe algumas situações:

- int max; // o valor em max pode ser qualquer um. Por exemplo, 9999 se o usuário digitar 10 valores menores que 9999 o programa responderá 9999 como maior valor, o que é errado. int max=0; // Se o usuário digitar 10 valores negativos, o programa responderá 0 como maior valor, o que é errado.

- A solução é assumir como valor inicial o primeiro valor digitado. Isso vale para selecionar o maior valor e também para o menor valor.

Algoritmo: (FLX4)

Variável de Indicação: Existem casos onde o fluxo de processamento deve testar todos os elementos de um conjunto, mesmo que a característica procurada já tenha sido encontrada. Nesse caso, é comum utilizar uma variável como chave indicativa de que a característica procurada foi encontrada. Um uso comum é na indicação de eventos, onde o sistema continua monitorando, mas guarda em uma variável a indicação que ocorreu um evento. O programa abaixo exemplifica a situação.

4.13 Escreva um programa que leia valores do tipo *float* enquanto o valor 0 não for digitado. Ao final, o programa deve imprimir o menor valor e se algum valor Inteiro foi digitado.

Como pensar a resposta:

- Use como base o programa anterior para desenvolver a parte que seleciona o menor valor.

- Inicie criando o laço de repetição e garantindo que ele finaliza quando digitado o valor zero.

- Uma maneira de identificar valores inteiros é fazendo uso das propriedades das variáveis. Veja o código abaixo:

```
float vf1 = 3.33;
float vf2 = 3;
int aux;
aux = vf1; // aux somente consegue guardar a parte in-
teira de vf1.
```

- A subtração de vf1 - aux retornará 0.33, portanto, diferente de 0, identificando que vf1 não tem valor inteiro. Se a operação fosse feita com o valor de vf2, a mensagem seria impressa na tela.

```
if (vf1 - aux == 0)
    printf("valor inteiro");
```

- Adapte o código acima ao seu programa. A mensagem deve ser impressa fora do laço de repetição, senão a cada valor inteiro digitado ela será exibida. Então é necessária outra variável que será usada como uma chave, chamaremos a variável de int flag = 0; Ela inicia em 0 e se pelo menos uma vez entrar na condição de valor inteiro if (vf1-aux == 0), seu valor é modificado para 1.

- Após o laço de repetição, a variável flag é testada. Se o seu valor continuar em 0, significa que nenhum valor inteiro foi digitado. Se ela contiver o valor 1, significa que pelo menos um valor inteiro foi digitado. Procure observar nos algoritmos que desenvolver, quando essa "chave" é necessária.

4.14 Números primos compõem um conjunto com aplicabilidade em várias áreas. Uma das mais conhecidas tem uso em algoritmos de criptografia assimétrica. Números primos caracterizam-se por resultarem valores com divisões exatas apenas por 1 e por eles próprios. O número 7 é um exemplo de número primo, pois entre 1..7 os dois únicos números que resultam divisão exata são os próprios 1 e 7, ao contrário de 9 que é divisível por 1, 3 e 9. Crie um programa que identifique se um número é ou não primo.

Como interpretar o problema:

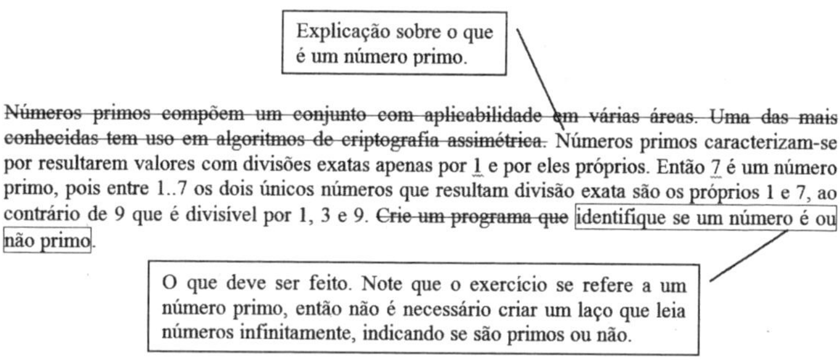

Como pensar a resposta:

- Use o **(VAR1)**.
- Existem algumas formas de identificar se o valor digitado é primo, vamos focar na resolução mais didática. Nesse momento você tem o número N a ser analisado em uma variá-

vel. A solução mais direta é testar se esse número é divisível por [1, 2, 3, ..., N] e contabilizar quantas vezes o resto da divisão é diferente de 0. Para ele ser primo, apenas a divisão por 1 e por N podem resultar em resto da divisão 0.

- Note que existe um padrão de operações repetitivas:
  - N/**1** -> captura o resto da divisão.
    Testa se o resto é 0, caso seja, incrementa variável auxiliar.
  - N/**2** -> captura o resto da divisão.
    Testa se o resto é 0, caso seja, incrementa variável auxiliar.
  - N/**3** -> captura o resto da divisão.
    Testa se o resto é 0, caso seja, incrementa variável auxiliar.
  - N/**N** -> captura o resto da divisão.

    Testa se o resto é 0, caso seja, incrementa variável auxiliar.
- Deve se contabilizar quantas vezes o resto da divisão foi 0. Então, ao final, testa-se o valor da variável auxiliar. Isso vai definir se ele é primo ou não.
- Pense uma maneira de otimizar um pouco esse algoritmo. É preciso testar operações as quais já sabemos o resultado? Existem duas divisões realizadas pelo algoritmo cujo resultado sempre é o mesmo.

- Realmente é necessário testar todos os elementos entre 1 e N, caso você descubra um divisor que resulte em divisão exata antes de testar N? Exemplo: N=6, N%2==0, neste caso N já é divisível pelo menos por 1,2 e 6, então não é primo! Será realmente necessário continuar testando? Adapte o código para otimizar a identificação e veja como o desempenho do algoritmo melhora muito. Teste com valor grande, como 8000.

- Vá adiante e otimize ainda mais. Os primeiros números primos são: 1,2,3,5,7,11,13. Fora o número 2, qual a característica comum entre os outros números, além de serem primos? Como é possível melhorar o algoritmo, respondendo para um certo conjunto de números que eles não são primos apenas com uma operação de resto de divisão por 2?

- Para ir além, procure pelo Crivo de Eratóstenes.

Capítulo 5

Vetores

Os vetores são coleções de um tipo de dado (*int, char, float, ...*). A quantidade de elementos é definida pelo programador. Esses elementos ficam contíguos na memória e por isso são acessíveis através de um mesmo nome e um índice. A Figura 7 mostra exemplos de alocação de vetores e sua disposição na memória.

Sintaxe:

Existem outras formas de declarar vetores, mas essa é de longe a mais usada. tipo nome_do_vetor[quantidade];

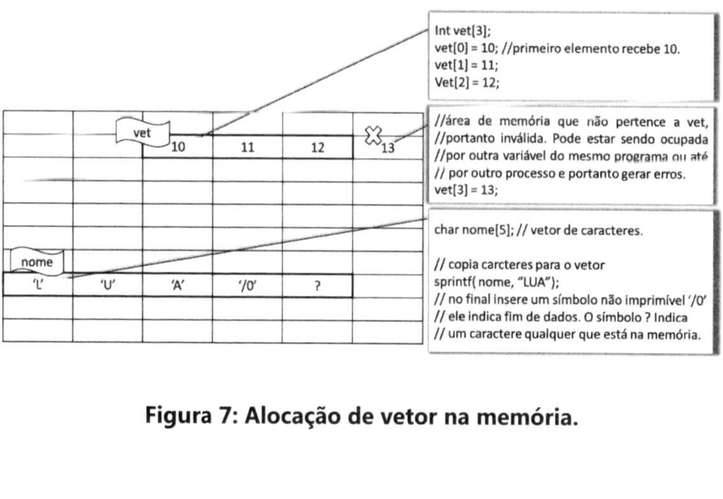

Figura 7: Alocação de vetor na memória.

Vetores do tipo char são tratados de forma diferente, eles são conhecidos também como *strings*. Contém todas as propriedades dos vetores de outros tipos, mas tem uma peculiaridade, no final do conteúdo armazenado, sempre existe um finalizador indicando o fim do conteúdo válido do vetor. O finalizador é o símbolo '\0', que equivale ao valor 0.

Existem funções que facilitam o tratamento de vetores de caracteres, elas manipulam os dados até encontrarem o primeiro '\0', ignorando o restante. As principais funções são listadas na Tabela 2. São exemplificadas suas características básicas, mas existem outras funções que podem ser utilizadas e variações das próprias funções aqui sugeridas. Pesquise as possibilidades de uso e também outras funções como: *gets*, *strchar*.

Função	Exemplo	Resultado
printf: imprime na tela.	`char vet[100] = "andromeda";` `printf("vet ->%s", vet);`	vet -> andromeda Mesmo que tenha 100 posições, o elemento de índice 9 contém '\0' e o conteúdo válido está limitado aos 9 primeiros caracteres.

Função	Exemplo	Resultado

sprintf:
 	
copia conteúdo formatado para um vetor de caracteres.
 	
sscanf: lê dados de um vetor de caracteres, separando-os em variáveis distintas.
 	
scanf: lê dados do teclado.
 	
O %s armazena em um vetor de caracteres.
	`char vet[100];`
	`sprintf(vet, "andromeda");`
	`printf("vet ->%s", vet);`
	
	`int i;`
	`sscanf("ab cd e 1","%s %*s %d",vet,&i);`
	
	`char vet[100];`
	`scanf("%s", &vet[0]);`
	`printf("%s", vet);`
		vet -> andromeda
		
		Copiou todo o conteúdo do segundo parâmetro para vet, inclusive inseriu um '\0' ao final da cópia.
		
		Armazena em vet "ab" e em i o valor 1.
		
		Imprime o valor lido do teclado e colocado em vet. No exemplo foi informado para armazenar os dados colhidos do teclado a partir da posição inicial 0.

strlen: retorna a quantidade de caracteres até encontrar o finalizador '\0'.
 	
strcpy: copia os elementos de um vetor de caracteres em outro.
	`char vet[100] = "andromeda";`
	`int tam;`
	`tam = strlen(vet);`
	`printf("tam %d", tam);`
	
	`char vet[100] = "andromeda";`
	`char aux[100];`
	`strcpy(aux, vet);`
	`printf("aux ->%s", aux);`
		tam 9
		
		Imprime a quantidade de caracteres e não a capacidade de armazenamento do vetor.
		
		aux -> andromeda
		
		copiou todos os caracteres até encontrar o '\0'.

strcmp: compara dois vetores de caracteres, retornando 0 se eles tiverem o mesmo conteúdo ou outro valor caso contrário.	`char vet[100] = "andromeda";`
	`char aux[100] = "centaurus";`
	
	`if(strcmp(vet, aux)==0)`
	`printf("\n iguais");`
	`else`
	`printf("\n diferentes");`
	
	`if(strcmp(aux, "centaurus")==0)`
	`printf("\n iguais");`
	`else`
	`printf("\n diferentes");`
		diferentes
		
		iguais
		
		No primeiro teste, os valores são distintos, retornando de strcmp um valor diferente de 0.
		
		No segundo, strcmp retorna 0, pois os dados comparados são iguais até o finalizador '\0'.

Tabela 2: Principais funções de manipulação de vetores de caracteres.

```
Exemplo: Atribui valores de uma progressão aritmética a
um vetor iniciando em 0, com passo 2. Como os vetores
têm índice, pode-se usar uma variável no lugar do índice
e assim criar rotinas de atribuição e acesso a dados.

// 10 posições alocadas, inicialmente armazenando valo-
res aleatórios
int vet[10];
int i;

// o índice de um vetor SEMPRE inicia em 0, portanto, o
primeiro elemento está na posição 0
vet[0] = 0;
for (i = 0; i<10; i++) {
   vet[i] = vet[i] + 2;
}

// imprime na tela os valores recém-colocados no vetor.
for (i=0; i<10; i++) {
   // Primeiro %d é trocado pelo valor de i, o segundo
pelo valor de vet[i].
   printf( "\n vet[%d] -> %d", i, vet[i]);
}
```

```
Exemplo: Neste exemplo um nome é lido do teclado e uma
mensagem é montada com o nome e impressa na tela de traz
para frente.

// 10 posições alocadas, inicialmente armazenando valo-
res aleatórios
int vet[10];
int i;

vet[0] = 0;
for (i = 0; i<10; i++) {
   vet[i] = vet[i] + 2;
}
```

Prática:

Algoritmo: (VET1)

Varredura de Vetores: Geralmente, o acesso a posições de um vetor ocorre com um laço de repetição *for* que promove o incremento do índice do vetor. Exemplo:

```
for (i=0; i<TAM; i++) // preenche com 1s o vetor
   vetor[i] = 1;
```

5.1 Ler um vetor de 10 valores inteiros, trocar os elementos 2 a 2 e imprimir o vetor alterado. Exemplo de troca de elementos: vet = {1,2,3,4,5,6} ⟶ vet = {2,1,4,3,6,5}.

O enunciado é claro, referindo-se a um vetor int com 10 posições

Ler um vetor de 10 valores inteiros, trocar os elementos 2 a 2 e imprimir o vetor alterado. Exemplo de troca de elementos: vet = {1,2,3,4,5,6} → vet = {2,1,4,3,6,5}.

O vetor é preenchido pelo usuário

Esta sentença é passível de interpretação, mas o exemplo ao final da frase torna tudo mais claro

Como pensar a resposta:

- A parte inicial do problema é similar ao bloco base **(VAR1)**.
- A varredura do vetor é feita com um laço *for*. Dentro do laço *for* as trocas devem ser feitas. Tome como base a descrição em **(VAR2)**.
- Note que, se o incremento do *for* ocorrer de 1 em 1, a troca de elementos resulta em: {1,2,3,4,5,6} => {**2**,**1**,3,4,5,6}=> {2,**3**,**1**,4,5,6} ...
- O algoritmo base **(VAR2)** inicia no índice 0 do vetor, trocando os valores dos índices 0 e 1. A próxima troca deve ocorrer entre os índices 2 e 3, portanto, na próxima execução do *for*, **(VAR2)**, deve ser alimentado com os índices a partir de 2. A sequência dos índices do laço for deve ser 0, 2,4,...
- Por fim, imprima o vetor modificado.
- O que ocorre se o vetor tem quantidade de elementos ímpar? Esse é um caso especial, um algoritmo mais genérico contorna efeitos colaterais resultante dessa característica. Nesse caso, pode-se incluir teste dentro do *for* para quan-

do o índice alcançar a última posição, não realizar a troca e finalizar o *for*. Outra forma é programar o *for* para executar apenas até a penúltima posição quando o vetor contiver quantidade ímpar de elementos. Procure estender o algoritmo para essa situação.

5.2 Ler 10 números inteiros e armazená-los num vetor vetV. Criar outros 2 vetores: vetP, contendo somente os números positivos de vetV, e vetN contendo somente os números negativos de vetV. Os vetores vetP e vetN não deverão conter zeros. Imprimir os 3 vetores horizontalmente, um abaixo do outro.

Como pensar a resposta:

- Aplique os conhecimentos adquiridos até o momento, mas pense a respeito do tamanho dos vetores vetP e vetN. Qual é o tamanho ideal?

- Imagine todos os casos possíveis, exemplo: os 10 números sendo positivos, ou os 10 números negativos e pelo menos um caso intermediário com positivos e negativos. É importante sempre testar as situações extremas de entradas de programas, todos os casos especiais identificáveis e pelo menos um caso normal de uso. Faça um exercício e tente identificar todos os tipos de entradas que devem ser testadas, depois consulte a lista abaixo:

    - Todos elementos positivos;

    - Todos elementos negativos;
    - Metade dos elementos negativos e metade dos positivos;
    - Elementos Positivos e alguns zeros.
    - Elementos Negativos e alguns zeros.
    - Todos os elementos em zero: vetP e vetN não imprimem nada na tela.

- Pela especificação do programa, o usuário não pode digitar exatos 10 valores, nem mais nem menos. Tenha certeza de garantir esse requisito de software.

5.3 Implementar um programa que insere hífens entre as letras de uma cadeia de caracteres, por exemplo: mickey para m-i-c-k-e-y.

5.4 Elaborar um programa que lê uma *string* e um caractere e informa a quantidade de ocorrências do caractere na *string* (não diferenciar minúsculas/maiúsculas: 'a' = 'A'). Por exemplo, se a cadeia for "CARLOS magno" e o caractere procurado for "a", o programa deve informar 2. Pesquise a função *toupper*() da biblioteca da linguagem C, ela pode auxiliar muito na resolução do problema.

5.5 A rotação de elementos em um vetor é necessária desde sistemas comerciais a rotinas internas de sistemas operacionais.

Crie um programa que emule a rotação de elementos com um vetor de 4 números inteiros. Exemplo:

O vetor vet = {11,22,33,44} após a rotação fica: {44, 11, 22, 33}.

A cada vez que uma tecla é pressionada o programa rotaciona os elementos internos do vetor e imprime seus valores. Neste caso, o programa nunca finaliza.

Como pensar a resposta:

- Divida o programa em partes:
    - Criar o vetor e alimentá-lo.
    - Manter o programa imprimindo os valores do vetor sempre que uma tecla for pressionada.
    - Inserir a rotação dos elementos antes da impressão dos valores.
- A essa altura, o Passo 1 é trivial. Logo abaixo codifique o Passo 2. Note que será uma operação repetitiva de impressão do vetor. Inicie por imprimir os elementos do vetor, com **(VET1)**, depois prenda o fluxo de processamento para que repita o bloco base algorítmico. Por fim, para que a operação execute apenas após uma tecla ser pressionada, antes do bloco base algorítmico **(VET1)**, insira o comando *getchar*(), que prende o programa até que uma tecla seja pressionada e retorna seu

valor. Pesquise a respeito do *getchar*().

- O Passo 3 também é implementado antes de **(VET1)**. Pense em como os elementos devem se deslocar, veja abaixo um esboço desta ideia.

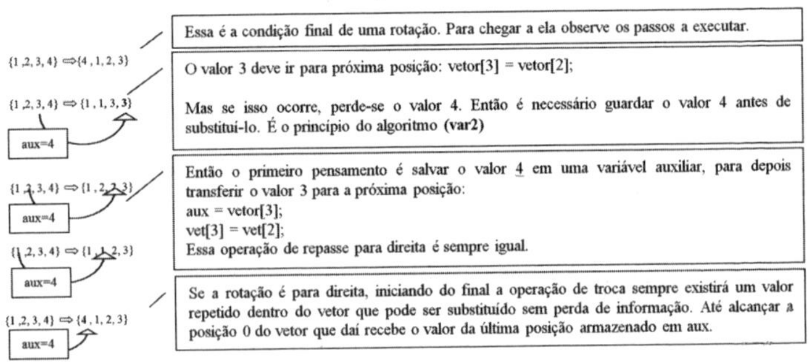

5.6 A procura de palavras dentro de um texto ou frase é uma ação comum quando usamos editores de texto ou navegamos em páginas web. Crie um programa que encontre uma palavra dentro de uma frase. A frase é armazenada em um vetor e o programa imprime o índice do vetor onde inicia a palavra procurada ou -1 caso ela não exista dentro da frase.

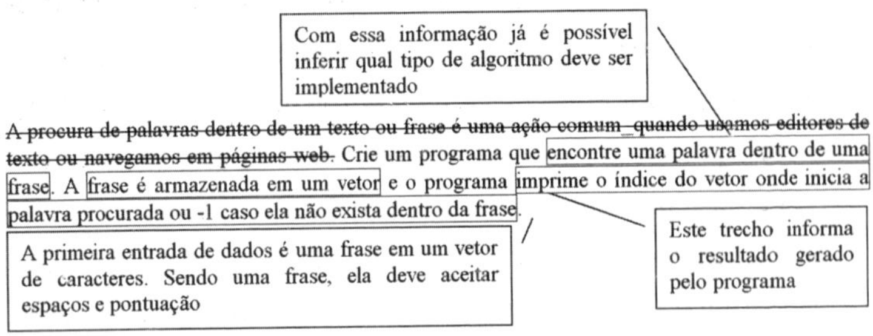

Como pensar a resposta:

- Pense em quais variáveis são necessárias. Logicamente um vetor de caracteres para armazenar a frase. E quanto a palavra a ser procurada dentro da frase?

- Colete a frase e a palavra procurada. Aplique **(VAR1)**.

- Pense e implemente um algoritmo que compare a palavra procurada com as primeiras posições do vetor contendo a frase.

    - Nesse caso você vai comparar a primeira posição da frase com a primeira posição da palavra, e assim por diante até finalizar a palavra ou encontrar alguma diferença.

    - Isso pode ser feito com um laço *for* iniciando em 0 até o tamanho da palavra procurada. Caso uma das letras seja diferente, o *for* é interrompido e retorna-se -1. Se ele for até o final, o retorno é 0 (índice da primeira letra da palavra na frase).

Frase:	A	B	C		D	E	F	H	\0
	↕ =	↕ =	↕ ≠						
Palavra:	A	B	D	\0					

- Estenda agora a procura. Caso ocorra falha, como no exemplo acima, execute o laço *for* novamente, mas agora comparando a Palavra a partir da próxima letra após um espaço em branco ou símbolo de pontuação dentro do vetor contendo a frase. Siga essa lógica para todos os elementos da frase. Logo, você percebe que precisa de um laço mais externo que chame o laço *for* já implementado, mas sempre alterando o índice de início da procura dentro da frase.

A	B	C		D	E	F	G	H	\0
	≠								
A	B	D	\0						

- Por fim, é necessária uma variável que guarde em qual índice a palavra foi encontrada, ou retorne -1 em caso de falha. O valor dessa variável é impresso ao final do programa.

Algoritmo: (VET2)

Ordenação: A ordenação de elementos ocorre em várias situações, principalmente em relatórios. Existem vários algoritmos de ordenação: Quicksort, Heapsort, Mergesort, etc. O Bubblesort é um algoritmo simples, utilizado para pequenos conjuntos de dados, sua implementação envolve blocos base algorítmico do tipo: (VAR2). O Bubblesort segmenta o problema, pensando sempre em ordenar dois elementos por vez (o elemento de foco e seu vizinho à direita). Trocando-os de posição quando necessário. O algoritmo de troca é aplicado a cada elemento de modo que em uma varredura em todo o vetor algumas trocas ocorrem. O algoritmo repete a varredura enquanto existirem trocas. Quando em uma varredura completa não ocorrerem trocas, o algoritmo finalizou a ordenação.

5.7 Crie um programa que ordene os elementos de um vetor com 10 posições. Os valores podem ser digitados ou gerados com as funções *srand* e *rand*, para isso, consulte o Anexo C.

Como pensar a resposta:

- Primeiramente, deve-se coletar os valores do vetor. Aplique **(VAR1)**.
- Depois, deve-se varrer cada posição do vetor para compará-la com suas vizinhas. Use **(VET1)**.
- Lembre-se que o algoritmo Bubblesort reduz o problema e compara dois elementos vizinhos e ordená-los quando necessário. Então desenvolva essa lógica dentro do laço de varredura. Use o **(VAR2)** para fazer isso. Mas note que a cada iteração a troca ocorrerá somente uma vez, entre duas posições vizinhas, então na próxima iteração **(VAR2)** deve estar armada para operar no próximo índice e seu valor à direita.
- Note que a operação acima só será realizada se o par de elementos estiver desordenado.
- Por fim, lembre-se que a **(VET1)** deve ocorrer várias vezes até quando, em uma varredura do início, não ocorram mais trocas. Então cabe aqui inserir um laço para repetir o algoritmo interno a **(VET1)**. Perceba que seu critério de parada se encaixa com a característica de **(FLX4)**.

- Por fim, ao finalizar o laço principal, imprima o conteúdo do vetor com **(VET1)**.

Veja o funcionamento dos principais algoritmos de ordenação em: http://www.sorting-algorithms.com.

5.8 O comando *UNDO* existe em todos os editores de texto, sua função é recuperar as últimas ações do usuário. Replique o comportamento desse comando usando para isso 4 tipos de comandos que podem ser armazenados e recuperados. A memória é de até 5 operações.

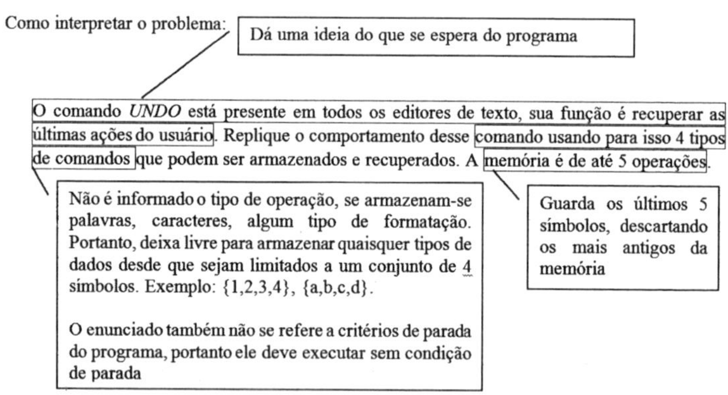

Como pensar a resposta:

- Primeiramente, crie as variáveis que você visualiza como necessárias. Certamente, um vetor com 5 posições.

- Crie um laço infinito onde o programa irá executar.

- Aplique **(VAR1)** para coletar os comandos, segundo o critério que você definiu como os 4 elementos válidos de comandos. Se os elementos são os números entre 1 e 4, o vetor de memória será do tipo *int* e nem um outro valor diferente de 1,2,3 ou 4 pode ser armazenado nele.

- Perceba que existem 2 momentos distintos: A- guardar os valores enquanto o vetor ainda contém posições vagas; B- eliminar o comando mais antigo para dar lugar a um comando novo.

- Dentro do laço de repetição inicie implementando a situação A, colocando cada novo comando em uma posição do vetor.

- A situação B caracteriza-se por remover a posição mais antiga, mas note que todos os elementos do vetor devem ser deslocados para respeitar a ordem de tempo. Veja o exemplo:

Comando 1	Comando 2	Comando 3	Comando 4	Comando 5

- O comando 1 é o mais velho e deve ser eliminado

Comando 2	Comando 2	Comando 3	Comando 4	Comando 5

- O comando 2 sobrescreve o comando 1 na memória

Comando 2	Comando 3	Comando 4	Comando 5	Comando 5

- Os outros comandos seguem a mesma lógica e o comando 6 é introduzido ao final.

Capítulo 6

Matrizes

Matrizes são vetores de múltiplas dimensões, isso significa que eles têm dois ou mais índices para referenciar um elemento. A exemplo dos vetores são coleções de um tipo de dado (*int*, *char*, *float*, ...). A quantidade de elementos é definida pelo programador. Esses elementos ficam juntos na memória e por isso são acessíveis através de um mesmo nome e um índice. A Figura 9 mostra exemplos de alocação de matriz e sua disposição na memória.

As matrizes têm aplicações em diversas áreas como computação gráfica, modelos populacionais, criptografia (ex. Caixas-S), cadeias de Markov, Malhas de circuitos elétricos, etc.

Sintaxe:

Existem outras formas de declarar matrizes, mas essa é de longe a mais usada:

Matriz de 2 dimensões

tipo nome_da_matriz1[quantidade1] [quantidade2];

Matriz de 3 dimensões

tipo nome_da_matriz2[quantidade1] [quantidade2] [quantidade3];

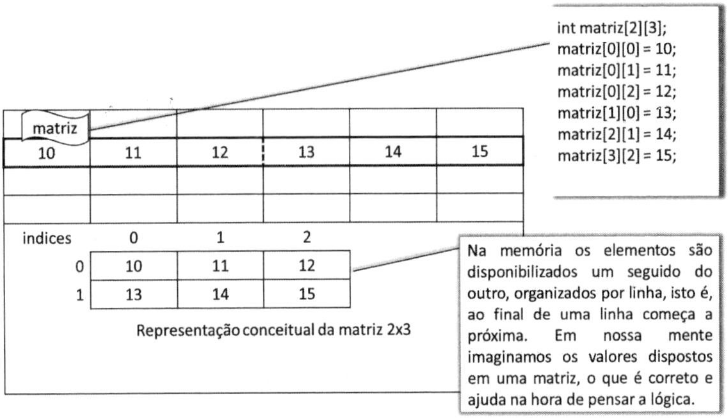

Figura 8: Alocação de matriz na memória.

Exemplo: Atribui valores em progressão aritmética em uma matriz iniciando em 0, com passo.

```
int mat[5][4]; // 5 linhas e 4 colunas.

int i, j;

// o índice SEMPRE inicia em 0, portanto, o primeiro
elemento está na posição (0,0)
mat[0][0] = 0;

for (i = 0; i<5; i++) {      // controla linhas.
    for (j = 0; j<4; j++) { // controla colunas.
           mat[i][j] = (i*4)+j;
    }
}

// imprime na tela os valores recém-colocados na matriz
for (i = 0; i<5; i++) {      // controla linhas.
    for (j = 0; j<4; j++) { // controla colunas.
           printf("%d ", mat[i][j]);
    }
    printf(" \n");
}
```

Algoritmo: (MAT1)

Varredura de Matriz: Geralmente, o acesso a posições de uma matriz ocorre com dois laços de repetição *for*, cada um controla um índice da matriz. Se a matriz tem 3 dimensões, então utilizam-se 3 laços *for* aninhados, e assim por diante.

Prática:

6.1 Crie um algoritmo que calcule a média dos elementos de uma matriz 3x2.

6.2 Crie um algoritmo que calcule o determinante de matrizes de segunda ordem (2x2).

Como pensar a resposta:

- Pesquise sobre como é calculado o determinante de matrizes de segunda ordem.

- Você vai perceber que o cálculo leva em conta os elementos cujos índices de linha e coluna são iguais, por exemplo, o elemento A_{ij} tem índice i == j.

- Como sempre, o melhor é segmentar o problema, primeiro calculando a diagonal principal, depois a secundária e, por fim, realizando a operação final para encontrar o determinante.

- O cálculo da diagonal principal pode ser feito aplicando **Varredura de Matriz** e a cada vez que i == j, realizar a operação de multiplicação. Para isso a variável que guarda o valor da diagonal principal deve iniciar em 1.
    - sendo dp o nome da variável que guarda o resultado da diagonal principal, então dp = dp * A_{i1j1};
    - sendo i1 == j1. Se dp inicia em 1, dp = 1 * A_{i1j1} = A_{i1j1}
    - Na próxima operação dp = A_{ij} * A_{i2j2} = X.
- Aplique a mesma lógica para diagonal secundária em laço separado de **(MAT2)**.
- Por fim, faça o cálculo final.
- Note que o algoritmo pode ser otimizado, pense nas características comuns entre os elementos envolvidos no cálculo. Não é necessário varrer todos os elementos, apenas os que i == j. Dessa forma, um laço simples de *for*, consegue percorrer esses elementos: mat[i][i]. Pense a respeito e tente otimizar o algoritmo.
- Desafio: Estude o cálculo de matrizes de terceira ordem (Regra de Sarrus) ou superiores. Tente expandir seu algoritmo para atender o cálculo do determinante desses outros tipos de matrizes.

6.3 Imagens podem ser representadas por matrizes de valores. Uma das formas de redução de imagens é agrupar blocos internos da matriz, fazendo a média dos elementos do bloco e gerando um único valor. A aplicação dessa técnica em todos sub-blocos da matriz gera uma nova matriz menor com características semelhantes à matriz original. Faça um algoritmo que receba uma matriz 4x4 e reduza ela a uma matriz 2x2. Os valores da nova matriz têm origem na média de elementos da matriz 4x4 conforme a Figura 9.

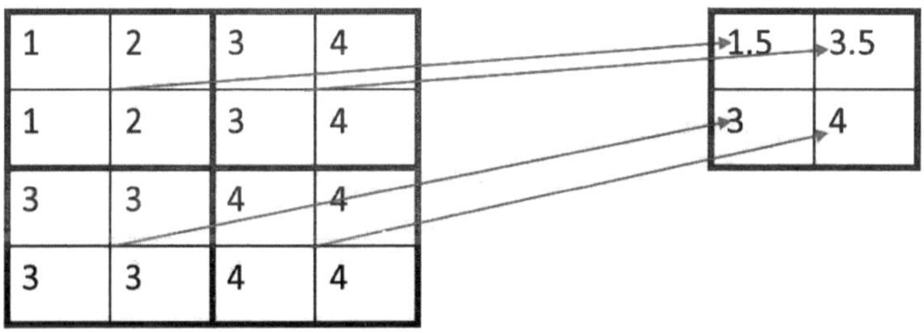

Figura 9: Exemplo de redução de matriz pela média de elementos próximos.

Como interpretar o problema:

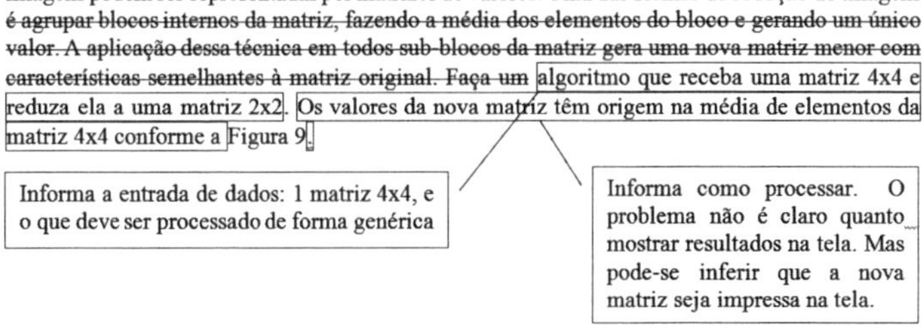

Como pensar a resposta:

- O maior inconveniente neste caso é criar um algoritmo genérico que some os índices corretos da matriz original para a nova matriz reduzida.

- Procure encontrar relações existentes entre os índices das duas matrizes. Programar também é a arte de observar padrões lógicos.

- Para ficar mais claro, desenhe em um papel os índices de cada elemento da matriz original e da nova matriz. Veja se consegue extrair um padrão que relacione os elementos de uma matriz com os elementos da outra. Por exemplo, para o primeiro quadrante da matriz:

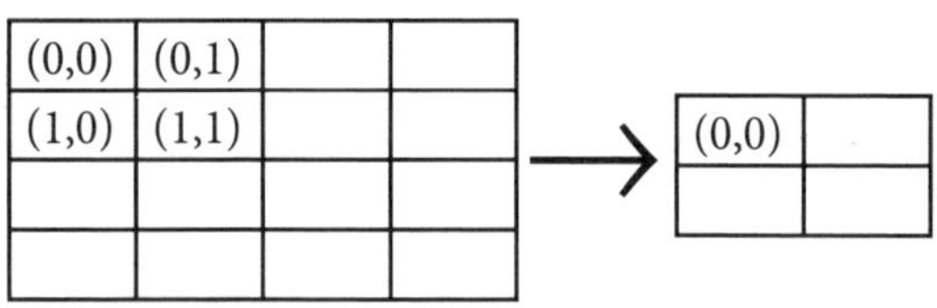

Como pensar a resposta:

- A quantidade de matrizes a serem somadas não é conhecida, porém não é necessário guardar todas em memória para depois realizar a soma. Lembre-se do bloco base **(FLX2)** e utilize essa técnica para fazer a soma de forma incremental.

6.4 Crie um algoritmo que some matrizes 2x2, ou seja, o usuário entra com os valores de quantas matrizes desejar. O programa só exibe a matriz soma no final da entrada de dados, quando o usuário pressionar a tecla <F>.

Como pensar a resposta:

- A quantidade de matrizes a serem somadas não é conhecida, porém não é necessário guardar todas em memória para depois realizar a soma. Lembre-se do bloco base **(FLX2)** e utilize essa técnica para fazer a soma de forma incremental.

6.5 A variância é uma medida de dispersão que indica a regularidade de um conjunto de dados. Ela é importante na análise de amostras biológicas, defeitos de fabricação de peças, e em muitas outras aplicações que envolvam a comparação de amostras. Pense na produção semanal (segunda a sexta-feira) de 4 linhas de montagem e calcule e informe na tela a variância de cada linha de montagem. A fórmula para o cálculo da variância é:

Variância = [(amostra1-média)^2 + (amostra2-média)^2 + ... + (amostraN- média)^2] / N

Matriz 4x5: 4 linhas de produção por 5 dias da semana

A variância é uma medida de dispersão que indica a regularidade de um conjunto de dados. Ela é importante na análise de amostras biológicas, defeitos de fabricação de peças, e em muitas outras aplicações que envolvam a comparação de amostras. Pense na produção semanal (segunda a sexta-feira) de 4 linhas de montagem e calcule e informe na tela a variância de cada linha de montagem. A fórmula para o cálculo da variância é:

Variância = [$(\text{amostra1-média})^2 + (\text{amostra2-média})^2 + \ldots + (\text{amostraN- média})^2$] / N

São 4 variâncias, uma para cada linha da matriz, conforme a fórmula, onde a média dos valores de cada linha deve ser calculada antes, para ser aplicada a fórmula, sendo N o número de elementos (colunas), no caso 5.

Como pensar a resposta:

- Crie a matriz 4x5 e aplique **(VAR1)** para coletar os dados.

- Calcule a média de cada linha da matriz. São necessários dois laços *for* para varrer a matriz. Pense em como armazenar os valores da média. Isso pode ser feito em 4 variáveis separadas ou de forma mais clara em um vetor de 4 posições.

- Repita o passo anterior, mas agora calculando a variância.

- Pense em uma maneira de otimizar o código. Observe os padrões que existem. Quais trechos de códigos são similares? É possível uni-los de forma a tornar o código mais enxuto. Como armazenar os 4 valores de variância para serem impressos? Você realmente precisa armazená-los? Ou somente imprimir na tela.

6.6 Pallets cúbicos são armazenados em um galpão. Eles são empilhados uns sobre os outros e cada pallet carrega materiais diferentes, portanto, contêm massas diferentes. Cada pallet tem aresta de 1 metro e o galpão tem uma área útil de 10x15 metros quadrados de superfície e 5 metros de altura. Dada uma distribuição pallets dentro do galpão, calcule qual ponto da superfície sofre mais pressão devido a massa dos pallets empilhados. A entrada de dados pode ser gerada automaticamente com as funções *srand* e *rand*, para isso, consulte o Anexo C.

Como interpretar o problema:

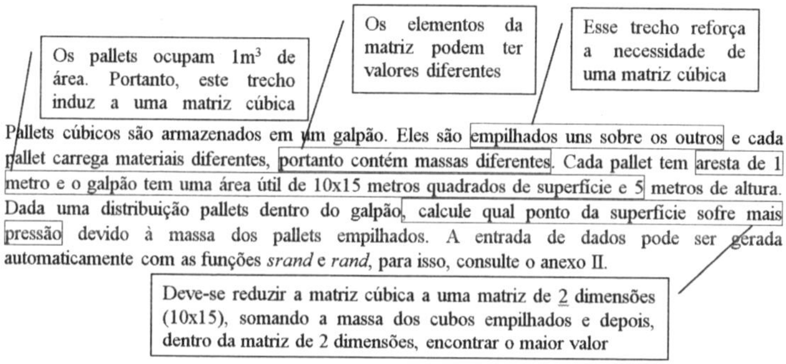

Como pensar a resposta:

- Crie a matriz 10x15x5. Quais outras variáveis serão necessárias? Caso não lhe ocorra nada em mente, siga adiante e acrescente-as à medida que surgir a necessidade.

- Preencha a matriz, serão necessários 3 laços *for* aninhados. Veja **(MAT1)**.

- Com um laço *for*, calcule a massa total da posição (0,0,z), ou seja, some:
  - matriz[0][0][0]+ matriz[0][0][**1**]+ matriz[0][0][**2**]+ matriz[0][0][**3**]+ matriz[0][0][**4**]

- Amplie o cálculo para todas as posições no plano (x,y). Isso implica em incluir mais dois laços *for* externos ao já existente **(MAT1)**.

- A totalização de valores do eixo Z devem ser armazenados em outra matriz de 10x15 posições. Não esqueça de inicializar essa segunda matriz com zeros antes de iniciar as somas.

- A procura pelo maior valor é um outro algoritmo, veja **(FLX3)**.

Capítulo 7

Funções

Funções são blocos de código acionados por um nome. Elas são úteis na organização e simplificação do programa, pois diminuem a quantidade de código repetido. Comandos como *printf*, *scanf*, *sqrt* (cálculo da raiz quadrada), *pow* (operação de potência), entre muitos outros são funções, cujo código foi implementado e compilado em outros arquivos. Quando o fluxo de processamento encontra chamadas a essas funções, utiliza seu código e, assim que concluído, volta ao processamento de quem chamou a função.

Sintaxe:

```
tipo de retorno nome_da_funcao (tipo parâmetro 1, tipo
parâmetro 2, tipo parâmetro n)
{
Código da função.
}
```

A Figura 11 representa a dinâmica de uso de funções e seus principais aspectos. Funções são aplicáveis quando identificados códigos repetidos e algum trecho de código com finalidade específica.

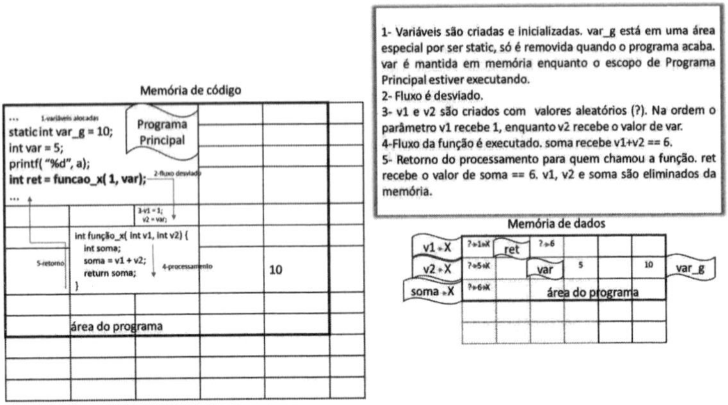

Figura 10: Dinâmica de comportamento de funções.

Observações:

- Variáveis internas à função e variáveis passadas por parâmetro só são vistas dentro da função.
- Quando a função finaliza essas variáveis são deslocadas e seus dados perdidos.
- Modificador *static* mantém a variável em memória, mesmo dentro da função.
- Variáveis globais mantêm seu valor durante todo o programa e podem ser acessadas por qualquer área de código.
- Ao encontrar uma chamada de função o fluxo é desviado para a função. Após o processamento da função ele retorna

logo abaixo da chamada da função.

- Uma função não pode ser declarada dentro de outra.

- Uma função pode ter retorno de um tipo ou retorno do tipo *void*, que significa "sem retorno". Nesse caso, o comando *return* não é necessário, mas pode ser usado sem valor de retorno. Veja os exemplos.

```
Exemplo: Função sem retorno de valores.

void funcao1(int val) // sem retorno: void.
{
    if (val == 0) {
        printf("valor nulo!");
    return; // mesmo sem retorno é possível sair da fun-
ção antes de finalizá-la.
              // como o retorno é void, o comando return
é executado sem parâmetros.
    }

    printf("valor: %d", val);
    // mesmo ao final da função, não é necessário o co-
mando return
    // pois a função foi declarada como void.
}


Exemplo: Função que chama outra função e retornam va-
lores.

// Função que retorna a soma.
int soma(int a, int b)
{
    return a + b;
}

// Gera um número da sequência de Fibonacci cada vez que
é chamada.
int fibo() // sem parâmetros de entrada.
{
```

```
    static current = 1; // variáveis estáticas que não
perdem o valor. static next = 1;
    int ret = next;
    next = soma(current, next); // uma função pode ser
chamada dentro de outra função. current = tmp;
    return ret; // retorna um inteiro, assim como na de-
finição da função.
}
```

ATENÇÃO:

Funções tornam o programa mais robusto, dentre suas atribuições está a garantia que o código desenvolvido dentro da função está correto, atendendo todas as situações possíveis. Caso exista algum erro no código da função, a correção desse erro se espalha por todos os pontos do código onde a função é chamada.

Prática:

7.1 Implemente uma função "dividirValores()", que receba dois parâmetros do tipo *float* e que retorne a divisão do primeiro parâmetro pelo segundo, mas somente se o segundo parâmetro for diferente de zero. Caso o segundo parâmetro recebido seja zero, retorna 0. Chamar essa função a partir da função "*main*()". Se os valores resultantes forem sempre números inteiros, mesmo quando deveriam ser números Reais, verifique o código de resposta e a explicação junto à operação de divisão.

Neste exercício, existe um caso especial que deve ser tratado: a divisão por 0. O resultado de qualquer número dividido por 0 é sempre infinito, portanto, não pode ser representado. Neste caso, deve-se tratar o caso especial, senão segue-se o fluxo de divisão normal. Para outras funções existem outros tratamentos especiais que devem ser previstos na lógica interna de cada função.

7.2 Implemente uma função "lerPalavra()", que leia uma palavra e que imprima, na tela, a palavra recebida e a quantidade de caracteres da mesma. Essa função não recebe parâmetros e nem retorna valores. Chamar essa função a partir da função "*main*()".

7.3 Implemente uma função "converterCelsiusFahrenheit()", que receba como parâmetro um valor do tipo *float* (uma temperatura em graus Celsius) e que imprima, na tela, a temperatura equivalente em graus Fahrenheit. Essa função não retorna valores. Chamar essa função a partir da função.

7.4 Crie o jogo siga-me, onde o usuário deve repetir a sequência de números gerados entre 0 e 9. O programa inicia exibindo um número e o usuário deve digitá-lo. Em seguida, o programa gera um segundo número e imprime na tela pausadamente o primeiro número, limpa a tela e, em seguida, o segundo número. O usuário deve digitar corretamente a sequência. O programa continua aumentando a sequência até o usuário errar. Caso o usuário erre, a sequência é repetida mais uma vez. Dois erros seguidos finalizam o jogo. Crie um modo de pontuar o desempenho do jogador e um menu com as opções:

1- Iniciar jogo
2- Lista de vencedores
3- Sair

Como pensar a resposta:

- Novamente separe o programa em partes, agora usando funções para blocos de código com finalidades diferentes.

- Inicie criando uma função que exiba o menu e retorne à opção escolhida pelo usuário.

- Pense nas estruturas de dados necessárias. Você pode começar com as que vislumbram de antemão. Não se preocupe em pensar em todas as estruturas necessárias. Ao longo do desenvolvimento do código você vai descobrir novas variáveis necessárias e alterar outras que não estão completamente corretas.

- Faça o algoritmo do jogo em uma função. Para gerar a sequência de valores pesquise pelo funcionamento das funções *rand* e *srand*.

- Inicie criando um laço que prenda o fluxo até que o usuário incorra em 3 erros. Para isso você precisa criar uma variável que conte erros. Mais adiante ela será incrementada no jogo.

- Gerar um valor de sequência pseudoaleatória a cada novo

ciclo no laço de repetição e armazene os números em um vetor, na sequência. Essa será a sequência de valores impressa na tela para que o usuário repita.

- Fluxo do jogo, pense na sequência que ele deve seguir. Procure na internet por "Follow-me game" para se inspirar.

- Por fim, a lista de maiores pontuadores pode ser feita com uma matriz de caracteres e um vetor de pontos. Eles são atualizados a cada novo jogo. A criação como variáveis globais do vetor e da matriz facilita a manipulação do vetor e da matriz pelas funções. Faça uma função para avaliar se o nome e a pontuação devem ser incluídos na lista e exibir a lista de maiores pontuadores do jogo e outra função para exibir a lista de maiores pontuadores do jogo.

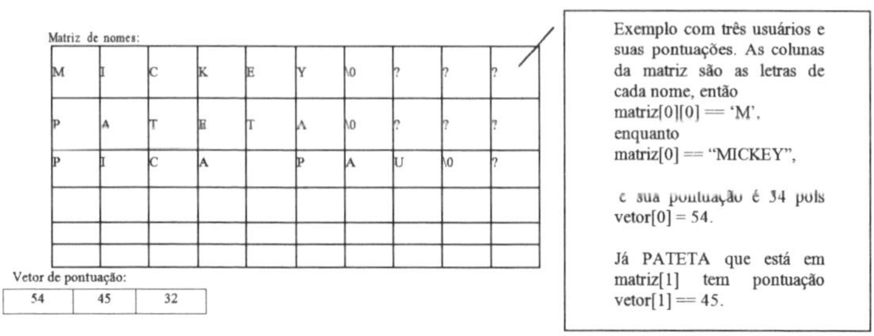

Figura 11: Exemplo de matriz e vetor usados para controlar lista de vencedores do jogo.

7.5 Algoritmos baseados em colônias de formigas são utilizados na resolução de inúmeros problemas que envolvem a exploração de soluções dentro de um espaço de respostas desconhecido. Um exemplo é como planejar a melhor distribuição de tubulação de água de uma cidade ou como regular as sinaleiras de trânsito e planejar as direções e sentidos das ruas de uma cidade de forma a otimizar ao máximo o fluxo de veículos. Existem diversas soluções válidas para os dois problemas, mas encontrar as melhores soluções é um desafio, além disso, nunca se sabe qual é a melhor solução.

Esses tipos de algoritmo se baseiam nas técnicas de inteligência coletiva destes insetos. Um dos primeiros passos é descobrir o melhor caminho indicado pela colônia de formigas. As formigas explorar seu espaço de soluções e a decisão é dada de forma coletiva. A melhor rota é a que tem mais formigas e consequentemente mais carregada de feromônio. Este exercício implementa algo similar ao descrito acima.

Dada uma matriz que indica a concentração de formigas em um espaço, e uma coordenada inicial nessa matriz, indique o melhor caminho, em uma lista de coordenadas para se chegar ao ponto com maior concentração de formigas. O preenchimento da matriz pode ser feito com as funções *srand* e *rand*, para isso, consulte o Anexo C.

Para resolver isso, crie uma função que dada uma coordenada indique qual a melhor coordenada vizinha (ou seja, a que tem valor maior).

Depois no *main*(), finalize o algoritmo usando essa função e lógica de controle para mover a formiga até seu objetivo final dentro da matriz.

Como interpretar o problema:

Como interpretar o problema:

> A primeira parte do texto ajuda a entender o contexto, mas não prove informações sobre o que deve ser feito.

Algoritmos baseados em colônias de formigas são utilizados na resolução de inúmeros problemas que envolvem a exploração de soluções dentro de um espaço de respostas desconhecido. Um exemplo é como planejar a melhor distribuição de tubulação de água de uma cidade ou como regular as sinaleiras de trânsito e planejar as direções e sentidos das ruas de uma cidade de forma a otimizar ao máximo o fluxo de veículos. Existem diversas soluções válidas para os dois problemas, mas encontrar as melhores soluções é um desafio, além disso, nunca se sabe qual é a melhor solução.

Esses tipos de algoritmo se baseiam nas técnicas de inteligência coletiva destes insetos. Um dos primeiros passos é descobrir o melhor caminho indicado pela colônia de formigas. As formigas exploram seu espaço de soluções e a decisão é dada de forma coletiva. A melhor rota é a que tem mais formigas e consequentemente mais carregada de feromônio. Este exercício implementa algo similar ao descrito acima.

Dada uma matriz que indica a concentração de formigas em um espaço, e uma coordenada inicial nessa matriz, indique o melhor caminho, em uma lista de coordenadas para se chegar ao ponto com maior concentração de formigas. O preenchimento da matriz pode ser feito com as funções *srand* e *rand*, para isso, consulte o anexo II.

Para resolver isso, crie uma função na qual, dada uma coordenada, indique qual a melhor coordenada vizinha (ou seja, a que tem valor maior).

Depois no *main*(), finalize o algoritmo usando essa função e lógica de controle para mover a formiga até seu objetivo final dentro da matriz.

> Este trecho das indicações de como deve ser gerada a matriz, mas diferente de outros problemas, não descreve em detalhes como ela deve ser. Por vezes, isso torna mais complicado o problema. Neste caso, pense nas possibilidades de:
> - Tamanho da matriz
> - Tipo da matriz: *int*, *float*, *char*. Isso pode ser inferido do texto: "matriz que indica a concentração de formigas" da margem aos tipos int ou *float*.
> - Como preencher a matriz de forma a simular concentração de formigas. Não seja rigoroso com relação a isso.

> Esta informação está bem clara e exige uma função. Implicitamente está descrito que o avanço é feito de coordenada em coordenada, ao passo de um índice por vez. Note também que a função deverá ter acesso a matriz, portanto, a matriz deve ser declarada como global ou passada como parâmetro.

> Novamente o enunciado não é claro em como espera o programa final. Mas, de alguma forma, o programa deve indicar a movimentação da formiga dentro do espaço de respostas da matriz. Pense nas possibilidades de imprimir as coordenadas da formiga a cada novo passo dentro da matriz, ou a matriz completa, destacando a posição da formiga dentro da matriz a cada momento.
>
> Pense também em como finalizar o programa, já que isso também não é dito. Lembre-se que não se sabe de antemão a melhor solução dentro da matriz.

Como pensar a resposta:

- Divida o problema em partes. Existem muitos pequenos algoritmos nesse problema:

    - Criação e preenchimento da matriz

    - Impressão da matriz na tela e controle de rodadas: a cada novo movimento da formiga dentro da matriz, reimprima a matriz e coordenada atual da formiga.

    - Criação da função que decide em qual direção seguir dentro da matriz.

    - Critério de parada do algoritmo.

- A sugestão é iniciar pela criação da matriz e preenche-la com valores uma única vez. Para fins de teste, crie uma matriz simples e preencha-a automaticamente com um padrão de valores. Exemplo: um contador simples iniciando em 0. Com isso, o canto inferior direito da matriz terá os maiores valores. Isso facilita a validação do algoritmo.

- Crie um laço para imprimir a matriz, veja (MAT1). Inclua essa impressão dentro de outro laço que nunca finaliza. Este laço mais externo imprime a matriz e aguarda nova rodada. Use *getch*() para parar o fluxo do programa a cada nova iteração do laço de repetição. Assim você poderá ver a matriz sendo impressa a cada nova tecla pressionada.

- A função deve usar uma estratégia para decidir a direção a tomar. Note que ela deve retornar as novas coordenadas baseada nas coordenadas atuais. Para retornar dois valores é necessário usar ponteiros.

  - O avanço é de uma coordenada por vez.

  - Não se conhecem todas as possibilidades futuras, somente as coordenadas vizinhas.

  - Uma estratégia simples é escolher a coordenada vizinha de maior valor.

  - Pense nos casos especiais:

    - Não existem coordenadas vizinhas maiores do que a coordenada atual. Uma possibilidade é retornar a coordenada atual. Mas isso limita o algoritmo a uma solução local e pobre. Outra estratégia nesses casos é arriscar um novo passo na esperança de encontrar uma solução melhor no futuro. É possível então estabelecer um limite para esse tipo de atitude digamos, no máximo 5 tentativas, após isso, a função retorna sempre o sítio com maior valor, mesmo que isso signifique estacionar na mesma coordenada sempre.

  - Pense nas bordas da matriz, a função não deve sugerir uma coordenada inválida, acima ou abaixo dos limites da matriz.

- No fluxo do *main*() chame a função dentro do laço infinito que imprime a matriz. Faça-o de forma a atualizar a coordenada dentro da matriz, então nessa ordem:

  - Atualizar posição dentro da matriz

  - Imprimir a matriz

  - Pausar o programa para visualização com *getch*() ou outro método

- Estabeleça um limite para finalizar o programa, digamos N iterações no laço principal. Ao final desse valor (N) o algoritmo para e informa a solução final encontrada, que não necessariamente é a melhor.

- Com o programa desenvolvido você pode voltar à construção da matriz e alimentá-la com valores diferentes do atual, para testar outros espaços de solução e observar como o algoritmo reage a eles.

7.6 Webservices estão presentes em muitos sistemas de empresas e na maioria das aplicações que envolvem interfaces web. Crie um sistema Cliente-Servidor que simule serviços. Para isso será utilizada comunicação via Sockets. Toda a parte de comunicação já está implementada. Use como base o exemplo disponibilizado na pasta *exe7.6/base*. Lá você encontra um Cliente e um Servidor que realizam uma comunicação simples. Caso queira se aprofundar mais no assunto sobre comunicação via Sockets, existe farta literatura e exemplos na internet. Você ainda tem acesso ao código comentado em *exe7.6/base*. Faça uma cópia deste código para iniciar seus dois programas: Cliente e Servidor.

O Servidor contém em sua base de dados um vetor e uma variável que chamaremos de escalar. Os serviços providos pelo servidor são:

- Inicializar o vetor e o escalar zerando suas memórias.
- Retornar ao cliente o valor do escalar.
- Alterar o valor do escalar.
- Retornar o valor de uma posição do vetor.
- Realizar uma operação de soma entre o escalar e uma posição do vetor.

O Cliente tem um menu de opções onde o usuário escolhe o serviço, executa a operação e recebe o retorno. O menu de operações no Cliente deve dar acesso a todos os serviços.

Note que por ser um Cliente-Servidor, os dados manipulados pelo Cliente estão no Servidor, o que significa que um Cliente pode alterá-los e, após desconectar, outro Cliente pode se conectar e consultar os dados que se manterão com a última alteração feita sobre eles. Os dados só são eliminados quando o Servidor é reinicializado. Você pode ampliar esse programa salvando em arquivo os dados e recuperando-os cada vez que o Servidor é carregado. Com algumas poucas modificações na conexão, também é possível comunicar os programas em computadores diferentes da mesma intranet.

Como interpretar o problema:

- Aqui estão colocados somente os trechos mais importantes que carecem de interpretação mais aprofundada.

- *"Faça uma cópia deste código para iniciar seus dois programas: Cliente e Servidor."*: neste trecho está claro que serão implementados dois programas independentes.

- *"O Servidor contém em sua base de dados um vetor e uma variável que chamaremos de escalar"*: O Servidor terá um vetor com tamanho definido por você e uma variável. Como serão realizadas operações que envolvem ambos, é interessante que o vetor e a variável sejam do mesmo tipo. O texto indica a operação de soma, então use float ou int.

- *"Os serviços providos pelo servidor são..."*: preste atenção nos serviços, essa lista vai servir de base para o menu de opções também, que pode ser:

  0- Inicializa
  1- Retorna escalar
  2- Altera escalar
  3- Retorna posição vetor
  4- Soma
  5- Sair

- Está implícito no enunciado que a opção 2 do Menu pede que o usuário digite um valor a ser enviado para o Servidor; As opções 3 e 4 exigem que o usuário digite um índice para ser enviado ao Servidor. Desta maneira o Servidor pode retornar o valor do vetor referente ao índice recebido na requisição do Cliente.

Como pensar a resposta:

- Inicie por testar o exemplo fornecido, altere as mensagens, envie valores. Note que os valores são enviados como char, não como int ou *float*, então no outro lado da comunicação você deve converter novamente em valores com as funções *atoi*() e *atof*(). Você vai ter que iniciar o Servidor antes.

- Note que existem vários pequenos algoritmos neste problema. Procure identificá-los e resolvê-los um a um individualmente. Alguns exemplos: cada um dos serviços do Servidor; o menu no Cliente; Montagem do comando no Cliente; Interpretação da mensagem recebida no Servidor; O fluxo de comunicação (comando-resposta) entre Cliente e Servidor.

- No Servidor crie o vetor e o escalar. Declare eles como globais.

- Crie uma função para cada serviço. Inicie com o serviço de zerar o vetor e o escalar.

- Para enviar e receber dados crie um protocolo que contenha: código do serviço e valores relacionados a cada comando. Exemplo, comando 2 Alterar o valor do escalar enviado pelo Cliente:

(	2	)	(	5	5	)	\0

- Neste exemplo, o código da operação: 0, está entre parênteses. Da mesma forma o valor 55 a ser escrito no escalar. Por fim, o finalizador '\0'. Colocar marcadores entre os dados: código e valor facilita a interpretação no Servidor, pois esses dados são recebidos em um vetor de caracteres e seus dados devem ser extraídos individualmente. A extração dos valores é um algoritmo à parte e pode ser criado em uma função separada.

- Para implementar o algoritmo varra o vetor contendo o comando e crie uma lógica que identifique o início de um dado '('e o final dele ')'. Contando o número de '('. Existem várias formas de extrair os dados. Uma maneira é identificar o início do dado e copiar os elementos seguintes para um segundo vetor, até encontrar o finalizador ')'. Não esqueça de acrescentar o finalizador ao final '\0'. Depois use *atoi*() ou *atof*() para converter os caracteres em valor.

- Teste a comunicação com o Cliente forçando um comando ao Servidor.

- Se tudo ocorreu bem, acrescente os outros comandos ao servidor.

- Agora se dedique ao Cliente criando um menu de opções em uma função separada e usando switch-case monte os comandos específicos de cada serviço.

- O exemplo completo está na pasta *resposta*.

Capítulo 8

Ponteiros

Ponteiros são variáveis que armazenam endereços de memória, ou seja, eles "apontam" para outras variáveis do programa e podem alterar ou acessar seus conteúdos. À primeira vista, parecem pouco úteis, mas seu uso amplia a dinamicidade dos programas. Como exemplos práticos de seu uso pode-se citar:

- Alocação dinâmica de memória;
- Múltiplos retornos em uma única função;
- Passagem de dados compostos: estruturas de dados, vetores, matrizes, para funções;
- Dicionários;
- Compactadores;
- Organização interna de elementos em Bancos de dados;
- Gerência de arquivos em Sistemas de Arquivos: raisefs, ntfs, fat32, ext2, ext3, ubifs, ramfs. Uma das operações bem características é a movimentação de arquivos de um diretório para outro. Neste caso o arquivo continua na mesma área de memória, as alterações ocorrem na tabela de endereçamentos e gerência de arquivos;
- Geração de grafos como mostrado na Figura 12: Menor caminho entre dois pontos: Googlemaps; Ligações entre usuários: redes sociais; Rotas de entrega de mercadorias; Roteamento de pacotes de dados, etc.

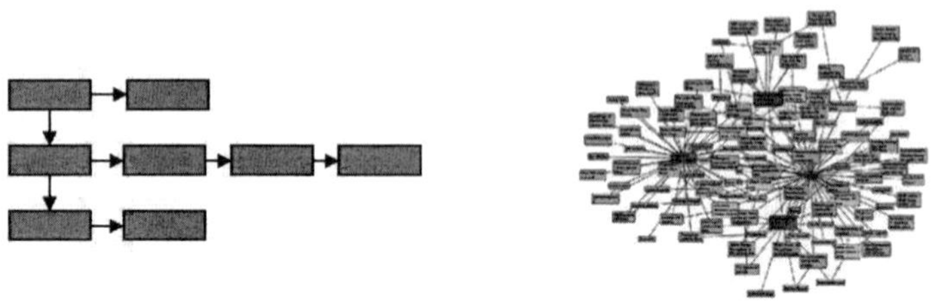

A: Organização de dados. B: Grafo de uma rede social

Figura 12: Exemplos de aplicações de ponteiros.

Existem ponteiros para todos os tipos de variáveis, então um ponteiro para *float* vai normalmente apontar para endereços de memória de variáveis do tipo *float*, enquanto ponteiros do tipo char apontarão para variáveis do tipo char.

```
Exemplo:

float valor = 15.5;
float * p;  // declaração de ponteiro do tipo float.
p = &valor; // p recebe o endereço (&) de memória da
variável valor.
*p = 10.1;  // o conteúdo (*) apontado por p recebe 10.1.
Note que o * tem dupla função:
           // declarar o ponteiro e acessar o conteúdo
ao qual ele aponta.
```

Além de apontar para endereços de memória de variáveis existentes, é possível alocar dinamicamente (em tempo de execução) áreas de memória, coisa que não é possível com variáveis normais. Dessa forma, um programa não precisa alocar memória suficiente para atender seu pior caso, mas ocupar mais ou menos memória conforme sua necessidade de uso. A alocação de memória utiliza as funções *malloc*, *calloc*, *free* e *realloc*. Busque mais informações sobre o uso dessas funções.

```
Exemplo:

// malloc: aloca memória e retorna o endereço de memória
do primeiro byte alocado.
//        Este endereço é guardado pelo ponteiro x.
//       alocação de 100 bytes. A função sizeof retorna
a quantidade de bytes ocupados
//        por um char, que é 1
char * x= (char *) malloc(100*sizeof(char));


// calloc: faz o mesmo que malloc, além de zerar o con-
teúdo da área de memória alocada.
//        Alocação de 400 bytes, pois um inteiro é com-
posto por 4 bytes, dessa maneira,
//         a memória alocada contém 100 unidades orga-
nizadas de 4 em 4 bytes.
int * x= (int*) calloc(100, sizeof(int));


// free: libera memória alocada
free(x);


realloc: altera tamanho da área de memória alocada.
ptr = realloc( ptr, novo_tamanho);
```

A Figura 13 mostra como apontamentos ocorrem na memória para variáveis já existentes e a Figura 15 para alocações dinâmicas com as funções *malloc*, *calloc* ou *realloc*.

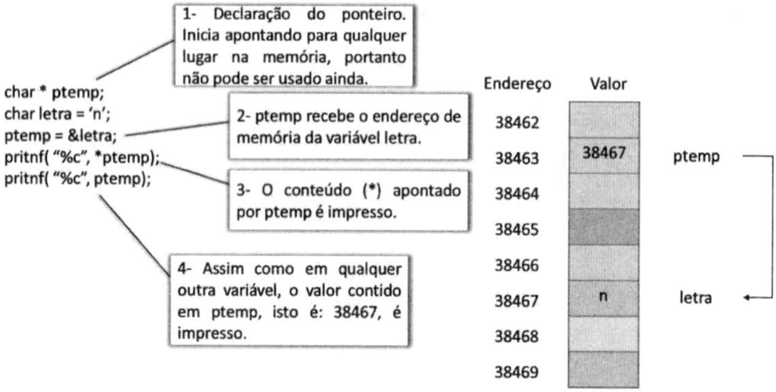

Figura 13: Apontamento em memória.

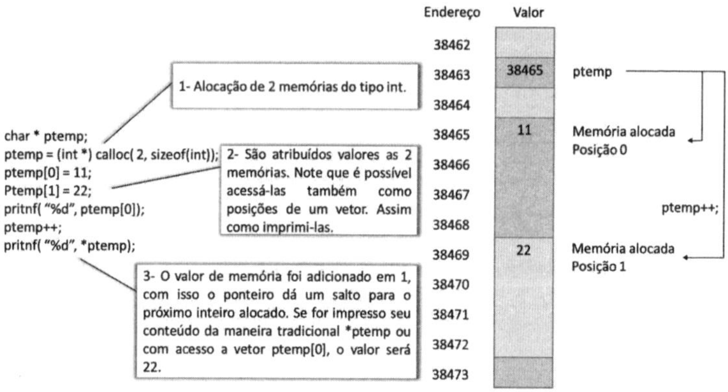

Figura 14: Apontamento em alocação dinâmica.

Prática:

8.1 Elabore um programa com duas variáveis do tipo inteiro. Crie apontadores (para variáveis do tipo inteiro) que referenciem cada uma dessas variáveis e, usando esses apontadores, mostre a soma dos valores das variáveis originais.

8.2 Em um jogo, o personagem pode escolher entre três armas diferentes, cada uma tem um poder de impacto distinto que varia entre 1.5 e 4.5. O valor deste impacto está armazenado em 3 variáveis distintas arma1_impacto, arma2_impacto e arma3_impacto. Para evitar código duplicado e simplificar a implementação, existe um ponteiro que aponta para a arma atualmente selecionada e usa o valor observado pelo ponteiro para atribuir uma força ao ataque. Quando o usuário decide trocar de arma, o ponteiro simplesmente aponta para a variável correspondente à arma selecionada. A cada uso da arma 20% de sua força é perdida. Faça um programa que emule essa situação através de um menu de opções:

1. iniciar: atribui valores para cada uma das armas.
2. trocar: seleciona outra arma, sempre usando o ponteiro como referência à arma escolhida.
3. atacar: desfere um golpe e retira 20% do valor de impacto da arma.
4. status: informa a arma atualmente em mãos e o valor de impacto atual dela.
5. sair

8.3 Em muitas situações na Biologia, Ecologia e Engenharia é importante definir o grupo de elementos médio de um conjunto de plantas, indivíduos, amostras químicas. Por vezes é difícil identificar quais elementos fazem parte desse conjunto. Neste exercício você vai implementar um algoritmo simples que define o conjunto de elementos médios, muito útil em diversas aplicações. Para isso, alimente um vetor do tipo float de 10 posições, que será a característica observada. Em seguida, crie a função que implementa o algoritmo, ela recebe como parâmetros o vetor *float* através de ponteiro, a quantidade de elementos do vetor e um critério de limite de alcance.

A função calcula a média dos elementos e seleciona o mais próximo da média, a partir daí ela usa o critério de limite de alcance para definir quais outros elementos fazem parte do conjunto médio.

Ao final, ela imprime na tela os elementos cujos valores estão entre o limite ElementoMédio-critérioSeleção > elementos do conjunto médio < ElementoMédio+critérioSeleção. A Função ainda retorna a quantidade de elementos do conjunto médio. Por fim, imprima essa quantidade na função principal *main*().

Como pensar a resposta:

- Crie o vetor e o algoritmo para coletar os valores do vetor.
- Crie a função com os parâmetros de entrada: tamanho do vetor, ponteiro para receber o vetor, critério de seleção. Lembre-se: um ponteiro guarda endereço de memória e se tivermos o endereço de memória da posição 0 do vetor e seu tamanho, acessamos com segurança todas as posições do vetor dentro da função. A declaração do parâmetro é igual a declaração de um ponteiro qualquer e sua passagem como parâmetro também! De modo que:

int * pv = &vetor[0];

- É algo similar ao que deve ser feito. O lado esquerdo da igualdade é a declaração do parâmetro na função, enquanto o lado direito é o parâmetro passado na chamada da função.

- Internamente na função pode-se acessar os elementos do ponteiro como se fossem um vetor: pv[0], pv[1], ...

- Extraia a média dos elementos com um laço de repetição, pois a função é genérica e atende a vetores de qualquer tamanho!

- Com o valor da média, é necessário varrer novamente o vetor, agora testando quais elementos fazem parte do conjunto médio, segundo o critério do enunciado. Caso encontre um elemento, imprima-o na tela e contabilize em uma variável auxiliar.

- Por fim, retorne a variável auxiliar com o número de elementos médios e imprima seu valor na tela.

8.4 Incremente a função do exercício anterior retornando também a média dos elementos e imprima seu valor no fluxo principal, isto é, na função *main*().

8.5 Implemente a função *strcmp* (char *str1, char *str2) usando ponteiros. Lembre-se que nesse caso você está tratando com caracteres, portanto, considere o finalizador de *strings* '\0'.

Como pensar a resposta:

- Procure resolver o exercício antes de ler esses passos.
- Inicie criando a função. Vamos chamá-la de "compara". Ela deve retornar um número inteiro, 0 se as *strings* são iguais, ou outro valor caso sejam diferentes.
- A comparação é feita caractere a caractere. Então, a primeira coisa a descobrir é a quantidade de caracteres que cada *string* tem. Pesquise por *strlen*(). Se elas não têm a mesma quantidade, então já é possível concluir que são diferentes e a função retorna nesse ponto.
- Caso tenham a mesma quantidade de caracteres, compare, usando laço de repetição, um caractere por vez a cada interação. Retorne se encontrar caracteres diferentes. Caso o laço de repetição finalize sem retornar, então as *strings* são idênticas e você pode retornar o valor 0.

8.6 Em muitos sistemas e processos existem listas que controlam sequência de atendimentos de pessoas ou elementos. Você pode pensar em uma linha de produção ou na ordem de prioridade de processamento de programas pelo computador. Existem vários algoritmos que priorizam processos ou pessoas, cada qual com suas vantagens. Uma das políticas mais conhecidas e que dela derivam variações é a lista circular.

Desenvolva um programa onde o usuário indique a quantidade de elementos X e crie automaticamente um vetor de tamanho X (use ponteiros e a função *calloc* para isso). Crie também uma função chamada politicaShift que receba como parâmetros o vetor, seu tamanho e um terceiro valor. Essa função desloca os valores das posições do vetor para direita conforme o valor do terceiro parâmetro. Veja o exemplo:

Sendo:

vetor = [1,2,3,4,5]
terceiro parâmetro da função = 2

após a conclusão da função estado do vetor é:
vetor = [5,4,1,2,3]

Como pensar a resposta:

- Inicie com a entrada de dados: quantidade de posições do vetor; e criando o vetor com *calloc*(). Uma sugestão é preencher o vetor automaticamente depois de criado com números em sequência. Isso é fácil e torna rápidos os testes.

- Agora, concentre-se na função, faça ela em duas partes, primeiro pense em uma lógica para deslocar um elemento: o elemento inicial para o fim do vetor.

- Depois, pense em como você faria para repetir esse processo N vezes, conforme o terceiro parâmetro da função.

- Por fim, crie a chamada da função e a impressão dos valores na tela. Chame mais de uma vez a função e veja-a deslocar os elementos ciclicamente do ponto onde parou.

8.7 Gerenciador de alocação de memória: Uma das tarefas dos Sistemas Operacionais é alocar recursos para os programas que estão em sua lista de processamento. O Sistema Operacional deve alocar e desalocar a memória conforme as necessidades do programa e os limites estabelecidos pelo próprio Sistema Operacional. Para desempenhar essa tarefa, ele se utiliza de ponteiros, além de outros recursos. É possível simular uma parte desse processo, faça um programa onde o usuário informe o tamanho de um vetor de inteiros que o programa aloca dinamicamente e preenche cada posição, em ordem crescente, com valores iniciando em 0 e por fim imprime o vetor na tela. Após, se o usuário digitar o símbolo + seguido de um número com uma casa decimal, aloca-se mais memória para o vetor seguindo o mesmo processo de atribuição de valores a cada posição. O inverso ocorre quando o usuário digita o símbolo – seguido de um valor. Se o usuário digita a palavra "fim" o programa desaloca a memória e finaliza. Para esse exercício você pode utilizar a alocação de memória já vista em outros exemplos, laço de repetição e menus gerenciados com *switch-case* ou nesse caso com *if*, pois o comando de entrada não é um único símbolo, mas uma sequência como: "fim" ou +5 (acrescenta 5 posições), ou -3(remove as 3 últimas posições de memória).

5.6 Uma rede de restaurantes tem um sistema de coleta de opinião sobre a comida servida. A avaliação é composta de cinco níveis: Ótimo, Bom, Regular, Ruim ou Péssima (códigos 1, 2, 3, 4 e 5, respectivamente). Cada terminal de coleta de opiniões gera um arquivo registrando as opções selecionadas pelos clientes. O formato do arquivo é exibido na Figura 15. Faça um programa que leia arquivos nesse formato e contabilize a quantidade de votos Ótimo, Bom, Regular, Ruim ou Péssimo, imprimindo um relatório na tela.

Nome do arquivo: report.txt

```
1
3
5
2
2
3
2
3
4
2
4
2
2
```

Figura 15: Exemplo de arquivo de relatório.

Como interpretar o problema:

> Esse trecho indica que valores esperar no arquivo, e o que imprimir na tela após ler um arquivo, isto é, relacionar o valor 1 com "ótimo" e assim por diante

~~Uma rede de restaurantes tem um sistema de coleta de opinião sobre a comida servida.~~ A avaliação é composta de cinco níveis: Ótimo, Bom, Regular, Ruim ou Péssima (códigos 1, 2, 3, 4 e 5, respectivamente). Cada terminal de coleta de opiniões gera um arquivo registrando as opções selecionadas pelos clientes. O formato do arquivo é exibido na Figura 15. Faça um programa que leia arquivos nesse formato e contabilize a quantidade de votos Ótimo, Bom, Regular, Ruim ou Péssimo, imprimindo um relatório na tela.

> Reforça a informação sobre os arquivos

> O que fazer: somar cada tipo de voto e imprimir na tela

Como pensar a resposta:

- Leve em conta que você deverá ter uma variável acumuladora para cada tipo de resposta.

- Leve em conta que fará a leitura do arquivo linha a linha, isto é, com um comando dentro de um laço de repetição e que não sabe quantas linhas o arquivo tem.

- Existem funções disponíveis para leitura de arquivos. As mais comumente utilizadas são *fopen*: abrir arquivo, *fgets*: lê a quantidade de bytes informada ou até o final de uma linha, *fclose*: fecha o arquivo. Existem outras funções úteis como *fread, fputs, fwrite, rewind, eof, ftell, etc*. Além disso, existem muitas particularidades nas próprias funções que podem ser exploradas para cada caso, por exemplo: podemos abrir um arquivo para leitura, escrita, limpar o conteúdo do arquivo se ele já existir ou manter o conteúdo atual.

- Para ler o arquivo, você deve seguir os seguintes passos:

  - 1-Abrir o arquivo: abre arquivo como somente leitura. Caso o arquivo não possa ser aberto, a função retorna um valor de erro: NULL.

```
FILE pfile * = fopen("nome_do_arquivo", "r");
```

  - 2-Manipular arquivo: cada comando executa uma leitura de 100 bytes ou até encontrar a quebra de linha. No caso do arquivo lido, a leitura para na quebra de linha e seus dados são colocados em buffer.

```
int ret_leitura = fgets(buffer, 100, pfile);
if (ret_leitura == NULL)
    printf("\nfim de arquivo");
```

  - 3-Processar a informação lida: Embora o conteúdo lido seja um símbolo numérico, eles são texto representando o número. Pesquise sobre a **Tabela ASCII**. É possível converter o valor lido em número com a função ***strtol***, ou utilizar assim mesmo, tratando os símbolos 1,2,3,4 e 5 como caracteres: '1', '2', '3', '4' e '5'. A contabilização dos valores lidos pode ser armazenada em um vetor com 5 posições ao invés de 5 variáveis. Isso torna o código mais genérico e simples de implementar, pense em como implementar.

  - 4-Quando não precisar mais ler o conteúdo do arquivo, fecha o arquivo: *fclose*(pfile);

Referências

Deitel, H. , Deitel, P., C - Como Programar, 6ª Ed. 2011, Pearson Education Br. ISBN: 9788576059349

Gookin, D., Começando a Programar em C Para Leigos, 1ª Ed. 2011, Alta Books. ISBN: 978-85-7608-599-7

Mizrahi,V. V., Treinamento em Linguagem C, 2ª Ed. 2009, Pearson Education - Br. ISBN: 9788576050452

Schildt, H., C : completo e total. 3ª. Ed. 1996, Makron Books. ISBN: 8534605955.

Manzano, J.; Oliveira, J., Algoritmos: lógica para desenvolvimento de programação de computadores. 15ª. Ed. Érica, 2004. ISBN: 9788536517476.

Brod, C., Aprenda a Programar A Arte de Ensinar o Computador. 2013, Novatec. ISBN: 9788575223499.

Silveira, P., Adriano Almeida, A. Lógica de Programação - Crie seus primeiros programas usando Javascript e HTML, 2012, Casa Do Código (Digital). ISBN: 978-85-66250-22-0

Oliveira, C.V., Lühmann, A., Aprenda Lógica de Programação e Algoritmos com Implementações em Portugol, Scratch, C, Java, C#

e Python, 2016, Ciência Moderna. ISBN: 9788539907793

Cormen, H.T., Leiserson, C.E., Rivest, R.L., Stein, C. Introduction to Algorithms, 3ª Ed., 2009, Mit Press. ISBN 9780262033848.

Moreira, M.A., Teorias de Aprendizagem, 2011, EPU. ISBN: 8512321806

Anexo A – Blocos Algorítmicos Básicos

Algoritmo: (VAR1)

Fluxo de captura e processamento: Essa lógica surge em vários pontos ao longo de programas. Por vezes englobam outros sub-programas ao longo do seu fluxo, que segue a ordem: captura de dados, processamento e exibição de resultados.

```
// 1 declaração das variáveis necessárias
int valor;

// 2 entrada de dados
printf( "Informe o valor: ");
scanf("%d", &valor);

// 3 qualquer tipo de processamento da informação
valor = valor + 1;

// 4 retorno do processamento para o usuário
printf("Proximo valor inteiro: %d", valor);
```

Algoritmo: (VAR2)

Troca de valores da memória: A troca de valores entre duas áreas de memória é um bloco base algorítmico utilizado principalmente em algoritmos de ordenação.

```
int valor1 = 10;
int valor2 = 20;
int auxiliar;
```

```
auxiliar = valor1;
valor1   = valor2;
valor2   = auxiliar;
```

Algoritmo: (FLX1)

Qualificação de valores: A identificação de qualidades numéricas exige conhecimento matemático e alguns comandos de programação. Uma pesquisa na internet sobre a teoria do assunto abordado geralmente esclarece o conceito matemático. A codificação desse conceito na maioria dos casos é simples.

Algoritmo: (FLX2)

Uso temporário de valores: Em muitas ocasiões é necessário utilizar o valor de dado apenas em um momento do algoritmo. Passado esse momento, o valor do dado pode ser descartado. Procure identificar quando é necessário guardar em memória o dado e quando o valor é descartável e a variável pode ser reaproveitada com outros valores, posteriormente. A Prática abaixo é uma situação clara de uso de valor temporário.

Em um sistema, a contagem de glóbulos vermelhos das amostras de sangue é dada pela média de até 8 contagens. O resultado final é a média das coletas realizadas.

```
int i;
float media, soma = 0;
for (i = 1; i <= 8; i++) {
    int valor;
    printf("\n Contagem: ");
    scanf("%d", &valor);
```

```
    soma += valor;
    // note que o conteúdo de valor é perdido a cada nova
leitura,
    // porque não será mais utilizado
}
media = soma / i; // media = soma total dividida pela
quantidade de elementos (i)
```

Algoritmo: (FLX3)

Maior Número: A seleção do maior ou menor número é um bloco base algorítmico estendível para seleção de elementos por outras características como primeiro nome em uma lista, loja com maior lucro, ponto mais central em um conjunto de coordenadas, etc. Ele é muito utilizado em comandos de seleção de banco de dados. O programa abaixo foca nesse tipo de bloco base algorítmico.

Exemplo que armazena o maior e menor nível de líquido medido dentro de um tanque.

```
char medir = 1;
float maior; // Note que não é necessário inicializar as
variáveis maior e menor
float menor; // porque ambas serão sobrescritas com antes
do valor delas serem usados
while (medir != 0) {
    float valor;
    printf("\n Informe o valor: ");
    scanf("%f", &valor);

    // se for a primeira vez o maior e o menor valores
// assumem a primeira amostra coletada
// sempre assuma o maior/menor valor como sendo o pri-
meiro
    if (medir == 1) {
```

```
            medir = 2; // sinaliza que não é mais a pri-
meira medição
            menor = maior = valor;
    }

    if (valor < menor)
            menor = valor;

    if (valor > maior)
            maior = valor;
}
```

Algoritmo: (FLX4)

Variável de Indicação: Existem casos onde o fluxo de processamento deve testar todos os elementos de um conjunto, mesmo que a característica procurada já tenha sido encontrada. Nesse caso, é comum utilizar uma variável como chave indicativa de que a característica procurada foi encontrada. Um uso comum é na indicação de eventos, onde o sistema continua monitorando, mas guarda em uma variável, indicando que ocorreu um evento.

Guarda os 10 primeiros resultados do teste de resistência de um lote de produtos.

```
int cont = 0;
char vet_testes[10];
char resultado; // P = passou, Q = quebrou, T = trincou,
R= riscou
while (1) {
       scanf("%c%*c", &resultado); // %*c irá remover o
<enter> do buffer do teclado
   switch (restultado) { // evitando que a segunda lei-
tura seja ignorada
   case 'P':
   case 'Q':
   case 'T':
   case 'R':
```

```
                if (cont < 10) {
                        vet_testes[cont] = resultado;
                        cont++;
                }
                break;
        default:
                break;
        }
}
```

Algoritmo: (VET1)

Varredura de Vetores: Geralmente, o acesso a posições de um vetor ocorre com um laço de repetição *for* que promove o incremento do índice do vetor.

```
int vet[200];
for (i = 0; i<TAM; i++) // preenche com 1s o vetor
   vetor[i] = 1;
```

Algoritmo: (VET2)

Ordenação: A ordenação de elementos ocorre em várias situações, principalmente em relatórios. Existem vários algoritmos de ordenação: Quicksort, Heapsort, Mergesort, etc.[1] O Bubblesort é um algoritmo simples, utilizado para pequenos conjuntos de dados, sua implementação envolve blocos base algorítmicos do tipo: (VAR2). O Bubblesort segmenta o problema, pensando sempre em ordenar dois elementos por vez (o elemento de foco e seu vizinho à direita), trocando-os de posição quando necessário. O algoritmo de troca é aplicado a cada elemento de modo que em uma varredura em todo o vetor algumas trocas ocorrem. O algoritmo repete a varredura enquanto existirem trocas. Quando em uma varredura completa não ocorrerem trocas, o algoritmo finalizou a ordenação.

Algoritmo: (MAT1)

Varredura de Matriz: Geralmente, o acesso a posições de uma matriz ocorre com dois laços de repetição *for*, cada um controla um índice da matriz. Se a matriz tem 3 dimensões, então utilizam-se 3 laços *for* aninhados, e assim por diante.

```
// duas dimensões
int i, j;
int mat[3][4];
for (i=0; i<3; i++) {              // controla linhas.
    for (j = 0; j<4; j++) {        // controla colunas.
        mat[i][j] = (i + 1)*j;     // resultado 0  1  2  3
    }           -                    //                0
2  4  6
}                               //     0  3  6  9

// três dimensões
int i, j, k;
int mat[3][4][5];
for (i=0; i<3; i++) {
    for (j=0; j<4; j++) {
        for (k=0; k<5; k++) {
             mat[i][j][k] = 0; // preenche com zeros a
matriz
    }
    }
}
```

Anexo B – Sistemas Numéricos

Estamos acostumados a representar valores e realizar cálculos com o sistema numérico decimal. Ele tem esse nome, pois usamos 10 símbolos distintos (0 ,1, 2, 3, 4, 5, 6, 7, 8 e 9) para representar valores. Os números são identificados pela posição de cada símbolo na base decimal. Por exemplo, o Número 5234 é criado da seguinte forma:

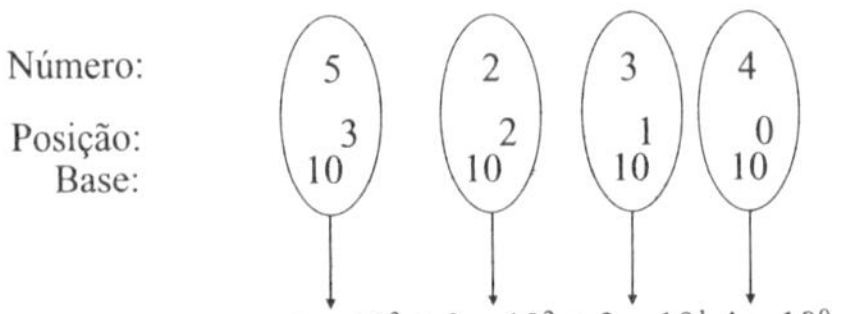

$5 \times 10^3 + 2 \times 10^2 + 3 \times 10^1\ 4 \times 10^0$

$5 \times 1000 + 2 \times 100 + 3 \times 10 + 4 \times 1$

5234

Figura 16: Representação de números em notação decimal.

Por outro lado, os computadores utilizam apenas 2 símbolos (0 e 1) para representar valores. Disso deriva o sistema numérico binário. Os valores 1, 2, 3, 4 e 5 são representados em notação binária respectivamente por: 1, 10, 11, 100 e 101. Cada digito corresponde a um bit e o conjunto de 8 bits forma 1 byte. Abaixo, esta conversão do número 11 de notação binária para decimal.

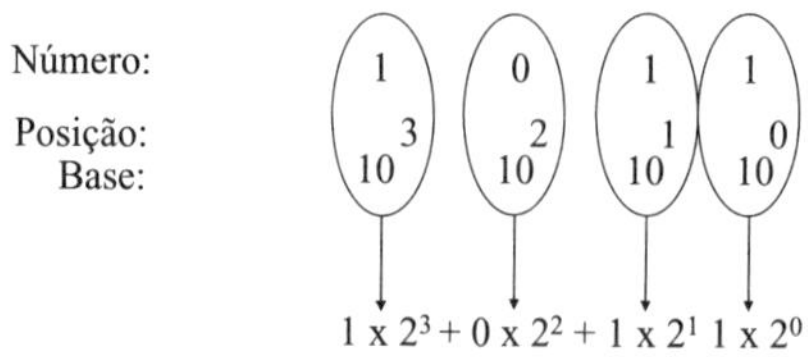

$1 \times 8 + 0 \times 4 + 1 \times 2 + 1 \times 1$

11

Figura 17: Conversão de binário para decimal.

A notação hexadecimal também é utilizada em programação principalmente por reduzir a quantidade de dígitos para representar valores e porque torna mais fácil a visualização dos bits quando observamos os valores em notação hexadecimal. Essa notação contém 16 símbolos. Os valores de 0 a 9 equivalem aos valores decimais, enquanto os outros símbolos são A=10, B=11, C=12, D=13, E=14 e F=15). Valores hexadecimais são representados em linguagem C com o prefixo 0x. Por exemplo, o valor 0xAB equivale 171 em decimal e 1010 1011 em binário. Note que cada símbolo em hexadecimal corresponde a 4 bits ou 4 símbolos binários. Veja, abaixo, um exemplo de conversão de valor em hexadecimal para decimal.

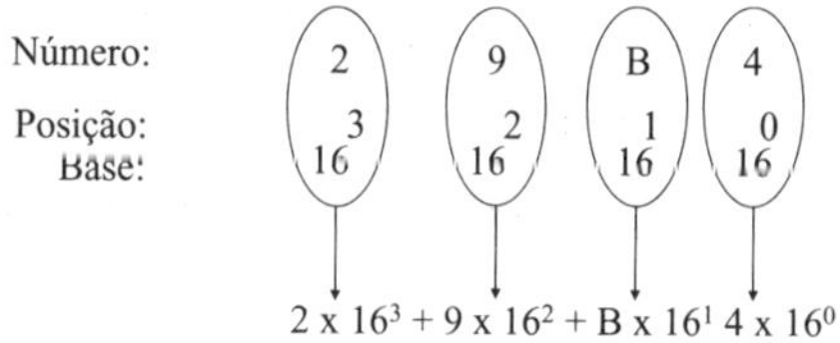

$2 \times 4096 + 9 \times 256 + 11 \times 16 + 4 \times 1$

10676

Figura 18: Conversão de hexadecimal para decimal.

A conversão de valores em decimal para hexadecimal ou binário é simples. O exemplo abaixo converte de decimal para binário. O resultado está em negrito e corresponde aos restos das divisões incluindo o resultado final. Note que ao dividir por 2, garante-se que o resto nunca será maior ou igual a 2, forçando os valores 0 e 1. O resultado é lido da direita para esquerda: 1011.

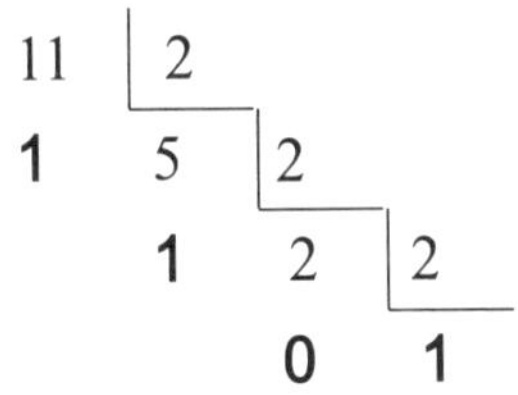

Figura 19: Conversão de decimal para binário.

O mesmo ocorre para a notação hexadecimal, conforme o exemplo abaixo.

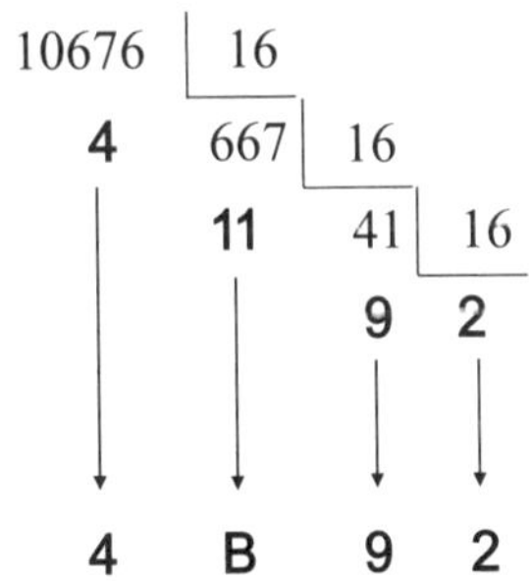

Figura 20: Conversão de hexadecimal para binário.

Anexo C – Números Pseudoaleatórios

A linguagem C disponibiliza um par de funções para geração de números pseudoaleatórios. Essas funções estão na biblioteca *stdlib.h* e são:

- void srand(unsigned int semente)
- unsigned int rand()

A função *srand*() é utilizada para inicializar o algoritmo de geração aleatória, portanto, ela é chamada uma única vez antes da geração dos números pseudoaleatórios. Essa função exige como parâmetro um número inteiro e positivo.

A função *rand*() é utilizada sempre que se deseja gerar um novo número pseudoaleatório. Por exemplo:

```
int main()
{
    int num;
    srand(500);

    num = rand(); // gera um número e guarda ele dentro
da variável num.
    num = rand(); // gera outro número e guarda ele no-
vamente dentro da variável num.
     num = rand(); // gera um terceiro numero e guarda
ele novamente dentro da variável num.
    return 0;
}
```

Note que no exemplo acima, *srand* foi utilizado somente no início e a cada chamada de *rand* um novo número pseudoaleatório é gerado. Toda vez que o programa executar o algoritmo implementado dentro de *rand*() será inicializado pela função *srand* com o mesmo valor inicial 500.

Internamente, o *rand*() contém um polinômio. Se esse polinômio parte sempre da mesma condição inicial, como no caso acima 500, a sequência de números gerados será sempre a mesma, toda vez que o programa executar.

Caso a função *srand*() nunca seja chamada, o polinômio interno de *rand*() começa com um valor qualquer (lixo de memória). Isso significa que nunca garantiremos a mesma sequência de números e tão pouco que a cada execução o programa vá gerar sequências totalmente diferentes. Mesmo que o polinômio inicialize com lixo, não é raro que esse lixo seja o mesmo valor.

Para garantir que sempre serão geradas sequências pseudoaleatória diferente, basta chamar a função *srand* passando como parâmetro a hora do sistema operacional através da função *time*() que está ligada ao arquivo *time.h*. A hora do sistema operacional tem precisão de milissegundos. A função *time*() retorna um número único composto de ano, mês, dia, hora, minuto, segundo e milissegundo, então a hora sempre será diferente a cada chamada da função, o que garante uma inicialização diferente toda vez que o programa executar.

Exemplo de uso da função *time*() e *srand*();

```
srand(time(NULL));
// ou
unsigned int val = time(NULL);
srand(val);


// A função rand() retorna um número entre 0 e 65535.
// É possível forçar valores diferentes desse intervalo
:

// retorna valor entre 0 e 53 (incluindo 0 e 53):
int valor = rand() % 54;

// retorna valor entre 10 e 25 (incluindo 10 e 25):
int valor = rand() % 16 + 10; // ou seja: rand()%(limite_
superior-limite_inferior+1) + limite_inferior

// No caso de um algoritmo necessitar a geração de duas
sequências pseudoaleatórias diferentes,
// basta utilizar duas vezes a função srand:

int main()
{
    int num;

    // Primeira sequência
    srand(time(NULL));
    num = rand();
    num = rand();
    num = rand();

    // Segunda sequência
    srand(time(NULL));
    num = rand();
    num = rand();
    num = rand();

    return 0;
}
```

Para finalizar, existe uma fórmula para gerar números dentro do intervalo desejado:

```
rand() % (limite_superior - limite_inferior + 1) + limite_inferior
```

Anotações

Impressão e acabamento
Gráfica da Editora Ciência Moderna Ltda.
Tel: (21) 2201-6662